客機塗裝
設計解析

觀察世界各大航空公司
塗裝色彩的魅力

人人出版

CONTENTS

4 —— 客機趣味與塗裝顏色
　　　～前言～

《第1章》
日本的航空公司

  6 —— ANA集團
  9 —— 日本貨物航空
 10 —— JAL集團
 13 —— 天馬航空
 14 —— AIR DO
 15 —— 天籟九州航空
 16 —— 星悅航空
 17 —— 捷星日本
 18 —— ZIPAIR
 19 —— 春秋航空日本
 20 —— 樂桃航空
 21 —— 雅瑪多控股
 22 —— 富士夢幻航空
 24 —— 伊別克斯航空
 25 —— 天草航空
　　　　東方空橋／TOKI AIR
 26 —— 專欄 塗裝的專門用語

《第2章》
外商航空公司（直飛日本）

 28 —— 美國航空
 30 —— 達美航空
 32 —— 聯合航空
 34 —— 夏威夷航空
 35 —— 西捷航空
 36 —— 加拿大航空
 38 —— 墨西哥航空
 39 —— 聯邦快遞
 40 —— 博利貨運航空
 41 —— UPS航空
 42 —— 亞特拉斯航空
 43 —— 卡利塔航空
 44 —— 英國航空
 46 —— 法國航空
 48 —— 漢莎航空
 50 —— 瑞士國際航空
 51 —— 奧地利航空
 52 —— 芬蘭航空
 53 —— KLM荷蘭皇家航空
 54 —— 北歐航空
 55 —— ITA義大利航空
 56 —— 土耳其航空
 57 —— LOT波蘭航空
 58 —— DHL集團
 60 —— 盧森堡國際貨物航空
 61 —— 斐濟航空
 62 —— 澳洲航空
 64 —— 紐西蘭航空
 66 —— 喀里多尼亞航空
 67 —— 大溪地航空
 68 —— 捷星集團
 69 —— 維珍澳洲航空
 70 —— 以色列航空
 71 —— 阿聯酋航空
 72 —— 卡達航空

73	阿提哈德航空	115	LATAM智利南美航空
74	埃及航空	116	邊疆航空
75	衣索比亞航空	118	捷藍航空
76	長榮航空	120	加勒比航空
77	星宇航空	121	塞席爾航空
78	中華航空	122	沙烏地阿拉伯航空
80	新加坡航空	123	海灣航空
81	酋迪航空	124	皇家約旦航空
82	泰國國際航空	125	專欄 復古塗裝機的流行
83	越南航空		
84	嘉魯達印尼航空		
85	汶萊皇家航空		
86	菲律賓航空		
87	宿霧太平洋航空	128	西北航空
88	亞洲航空集團	130	泛美航空
90	馬來西亞航空	131	阿羅哈航空
91	斯里蘭卡航空	132	全美航空
92	印度航空	133	環球航空
93	中國國際航空	134	環美航空
94	中國東方航空	135	飛虎航空
95	中國南方航空	136	加拿大國際航空
96	海南航空集團	137	里約格朗德航空
98	國泰航空	138	墨西哥航空
100	大韓航空	140	日本佳速航空「彩虹塗裝」
102	韓亞航空	142	JAL集團「Reso`cha」
104	專欄 刷新企業識別的時機	144	ANA「莫西干外觀」
		145	銀河航空
		146	Alitalia- Italia義大利航空
		147	法國聯合航空
		148	尼基航空
106	維珍航空	149	澳洲安捷航空
108	俄羅斯航空	150	維珍藍航空／V澳洲航空
110	TAP葡萄牙航空	151	巴基斯坦航空
111	神鷹航空	152	臺灣航線專用航空公司
112	太陽城航空	154	地中海航空
113	西南航空	155	星空聯盟
114	阿拉斯加航空	156	專欄 英國航空的「四海一家」塗裝

《第3章》
外商航空公司（無直飛日本）

《第4章》
現在已經消失的知名塗裝、謎樣塗裝

客機趣味與塗裝顏色
~前言~

只要到國際機場，就能看見各個國家的客機。一邊眺望上面顏色豐富多彩的塗裝和多樣化的圖案，一邊讓想像力馳騁於那些從未造訪過的國家、地區，想像那地方的景色、風土、民族、文化。這就是觀賞飛機或是拍攝飛機時的魅力之一。

但是，近年來活躍的客機種類有減少的傾向，在日本能看到的主要機種大概就只有波音的737、747、767、777、787；以及空巴A300、A320系列、A330、A350、A380，就算包含貨機在內，兩間公司加起來也就大約十幾種而已。即便加上巴西航空工業和龐巴迪製造的小型飛機，也不到20種。這麼說來，客機這項興趣的重點就在於享受同機型但不同的塗裝，相較於同屬交通工具，但車種豐富的火車與汽車來說，應該是差異最大的地方吧。

這就是為什麼飛機迷們每天忙於交換「○○航空的飛機有新塗裝了」、「（平常沒有飛日本的）○○航空要來了」、「○○國的政府專用機要來了」等資訊，追求從未看過的塗裝而跑到機場拍照、上傳到社群媒體的原因。

我也是被客機的塗裝魅力所擄獲的其中一人。我在日本有最多不同航空公司飛抵的成田機場旁邊，弄了一間辦公室，頻繁地前往攝影地點。如果有新塗裝飛機和平常少見的包機來的話，還會跑到其他機場拍攝。一年內也會進行好幾次海外遠征，去國外拍沒有飛日本的客機當作收藏。我像這樣子拍攝客機已經持續30年以上，仍然百看不厭。

另一方面在這樣的攝影當中，也觀察到航空公司的企業形象變遷與公司之間的思考模式差異、對設計的堅持等等，真的是非常有趣。就是因為想將客機塗裝的魅力和各航空公司的特徵集結成冊，才開始執筆這本書。

近年來因為網路的普及，可以簡單地查到詳細的塗裝規格、設計意涵以及設計公司等資訊，但為了寫這本書而重新調查時，卻發現一但超過10～20年以上，能找到的官方資料就不多了。就算是現在這個時間點，有很多小國家或是不重視企業形象的航空公司，並沒有特別發布塗裝規格。我雖然盡可能地調查，但有一部分因為無法獲得官方資料，可能會不太正確，這個時候還請大家多加包涵。另外，關於塗裝的引進時期，即便寫了「○年～○年」，但因為全機型的塗裝變更需要花上好幾年，甚至要近十年的關係，實際上應該也會有讀者在超過引進時期的日子，拍攝到該塗裝設計的客機，關於這點各位如果能先理解的話就太好了。再加上關於顏色的說明，航空公司也不一定都會發表正式的色號，所以有些也只是我個人的感覺，還請各位知悉。

＊　＊　＊

關於塗裝這個東西，有的時候就算設計得美麗秀逸，但航空公司卻在同個時期經營不善而被稱作「黑歷史」，反過來也有設計沒有特別優秀，但因為「在年輕時搭過」等個人理由而懷有特殊情感。我自己在歷代的客機塗裝中，也有許多特別喜歡的設計，刊載於本書的舊照片中也可能混進了對某些讀者來說具有特別意義的塗裝，如果能讓大家感到懷念的話那就太棒了。

2024年2月
查理古庄

第1章

日本的航空公司
Japanese Airlines

成長為日本最大的湛藍翅膀
ANA集團
All Nippon Airways Group

　　ANA長久以來維持在白色的機身上施以深藍色（Triton Blue，崔頓藍）和水藍色（Mohawk Blue，莫西干藍）兩種顏色的飾線設計。崔頓藍的命名源自於希臘神話的海神崔頓，加入祈求飛行安全的心情，而莫西干藍指的是舊款被稱為「莫西干外觀」時期所使用的水藍色。現在這種飾線往後上方傾斜延伸的企業形象在1982年登場，因為隔年1983年，當時引進的新銳機種波音767-200即將要開始啟航，所以才換了塗裝設計。

　　當時ANA的事業形態和現在有著極大的差異，基本上以國內線為主，國際線雖然有包機航班，不過沒有定期航班，乘客大多是日本國內人士，所以公司名稱也只寫了漢字的「全日空」。漢字商標採用的是橫線極細，但直線比較粗、強調出飛翔感的特殊字體。但是被稱作「莫西干外觀」的舊塗裝時代，在漢字公司名稱後還有英文「ALL NIPPON AIRWAYS」，捨棄英文的新設計反而給人一種開倒車的印象。

　　但是，1986年3月第一條國際定期航線即將啟航關島時，洛克希德L-1011飛機上面的全日空商標後面就加了「All Nippon Airways」，並使用文字間隔窄、沒那麼有菱有角的獨特字型。L-1011上有沒有使用英文名稱，並非以國際線或國內線飛機來決定，也有投入國際線的飛機上卻沒有英文名稱。為了飛北美線而引進的波音747-200B（LR）有放上英文名稱，到了1990年代，國內線用的波音777-200／-300和空巴A321，也同樣加進英文名稱。只不過之前引進的國內航

開始營運定期國際航線後，「全日空」的漢字商標後方加上「All Nippon Airways」英文名稱的飛機登場了。照片是國內線飛機但卻作為國際線支援機使用的JA8157，在747SR當中算是比較特殊的存在。

塗裝的重點

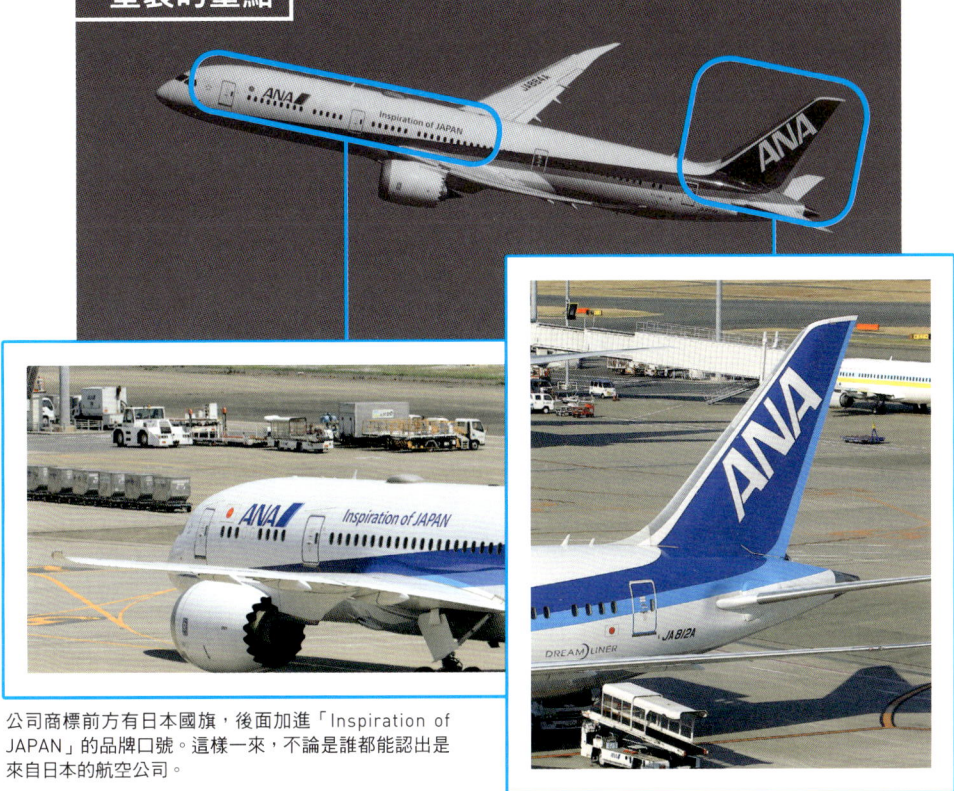

公司商標前方有日本國旗，後面加進「Inspiration of JAPAN」的品牌口號。這樣一來，不論是誰都能認出是來自日本的航空公司。

尾翼上有大型ANA商標，從1982年採用現在的塗裝以來，尾翼的設計都沒有改變。

線用波音767和空巴A320當中，有許多飛機到最後都還沒加入英文名稱就退役了。

慢慢擴大國際線營運的ANA，進入21世紀後也逐漸成長為世界規模的大航空公司。時序來到2003年，全公司的飛機塗裝都捨棄全日空的漢字，變成只有ANA三個英文字，這個商標現在也成為公司的象徵被廣泛使用，雖然塗裝設計的整體感變得更加平衡一致，但也有人認為難以看出所屬國家。於是ANA在2009年，發表傳達「以珍重日本的心，創造出全新日本」意念的全新品牌口號「Inspiration of JAPAN」。品牌口號「Inspiration of JAPAN」於2013年出現在機身上，成為現行塗裝持續到現在。

DATA BOX

[所屬國家・區域]日本　[IATA/ICAO CODE]NH/ANA
[呼號]ALL NIPPON　[主要使用飛機]B777、B787、B767、B737、A380、A320/A321、DHC-8　[主要據點機場]羽田機場、成田機場、伊丹機場、關西機場、中部機場等
[加盟聯盟]星空聯盟　[創立年]1952年　※資料來全日空（ANA）

加入品牌口號「Inspiration of JAPAN」之前只有ANA的商標，在設計上是平衡感良好的塗裝，但如果看慣現在的設計，也許會覺得少了一點什麼也說不定。

7

提到波音767-200，最大的印象就是有簡潔的「全日空」漢字商標。從機身前方開始觀察時，銜接白色的不是淡色系的莫西干藍，而是較深的崔頓藍，層次分明是設計的重點。

波音737-800的塗裝從前面開始依序漆上日本國旗、ANA商標、「Inspiration of JAPAN」，也存在部分把日本國旗擺在後方的機體。有些飛機在小翼上有ANA商標，有些沒有，是一個不小心就會漏看的塗裝版本。

崔頓藍的同伴們
同集團的塗裝介紹

ANA旗下的航空集團如使用波音787接受ANA委託飛國際航線的全日空日本航空，以及用波音737和DHC-8-400飛日本國內地方線為主的ANA Wings等，不管哪間都和ANA一樣使用崔頓藍塗裝。除了這些以外，ANA集團底下還有Air Japan（和上面的全日空日本航空同一間公司）和樂桃航空等獨自的品牌，但是塗裝色系就和ANA完全不一樣。

過去也還存在日空航空（以前的日本近距離航空）、日本航空網絡、北海道航空、Air Next、全日空日本快運、World Air Network等航空集團，這些集團的塗裝基本設計都和ANA有很高的共通性，除了機身會加上各公司的名稱以外，還因為會接受集團內其他公司的飛航委託與共通事業機的關係，有些甚至會漆上多個公司名稱。這些飛機的塗裝數量龐大，由於篇幅的關係沒辦法逐一介紹，在此刊載幾張代表性的照片。

2000年代投入國際航線的波音767-300ER，部分的飛機上除了有ANA的商標之外，還會貼上日空航空或是全日空日本航空的商標。這是為了區分飛往中國或臺灣的航空公司，飛台北會用ANK的飛機。

以國內航線為主的日空航空（ANK），在1987年變更公司名稱之前叫作日本近距離航空。尾翼有「ANA」三個字母。機身上漆有「AIR NIPPON」的英文公司名稱。之後為了和ANA的塗裝統一，於2012年和ANA整合成同樣的設計。

漆在貨機上的「ANA CARGO」商標經過數度變更，現在的設計（上）是帶有弧度的藍色粗體廣告招牌風格字體。後半部會加上合作夥伴的商標，照片上的飛機加進沖繩縣的標誌。前一代（中）是細體字，前兩代（下）是更粗的字體，不太堅持字體統一也很有趣。另外，767F有一個時期是全日空日本航空在營運，現在則是ANA總公司在使用。

ANA集團內還有使用19人座短程客機DHC-6的北海道航空（ADK），2003年開始公司清算。雖然是小型飛機，但是基本的配色和ANA一樣。

日本唯一的國際貨物專門航空
日本貨物航空
NIPPON CARGO AIRLINES

日本貨物航空（NCA）是由ANA、日本郵船等海運大公司出資，於1978年創立，1985年啟航的國際貨物專門航空公司。在日本是繼JAL之後，第二間有定期國際航線的公司，從初期的波音747-200F開始，一貫持續引進巨無霸貨機。由擅於國際貨物運輸的海運公司集中貨物，再讓專門營運飛機的ANA負責飛航，這就是NAC的企業戰略方針。

NAC現在也繼承了ANA的色系，機身以白色為基礎，與尾翼一起加上藍色和水藍色的線條，以設計概念來說非常符合ANA的形象。與ANA的關係也非常密切，除了機組人員和保養技師的派遣，在飛機方面也引進了從ANA飛機改裝而成的貨機。ANA在2000年後開始獨自引進貨機（波音767-300F），打算長距離航線交給NCA，亞洲航線則給ANA CARGO。ANA引進初期的767-300F也出現同時寫上NAC和ANA的混和塗裝。機械設備更新成747-400F之後，基本塗裝也沒有改變，但是會用星座、星雲、天空等意象為各機命名，寫在機首處。

2005年發生大幅變化，日本郵船收購ANA的NCA全部股份，試圖讓NCA成為子公司，在飛航業務方面自立。這一年訂購的747-8F採用藍色基調，沿襲以往的印象，再加入日本郵船企業識別色的紅色線條，變更整體塗裝。從獨立存放的機庫開始，到在成田機場設立自家專用的設施等等，開始踏上獨立的路線。但到了2023年又急轉直下，日本郵船發表聲明將把NCA的全數股份售與ANA，所以NCA在2024年2月又完全變成ANA的子公司，今後將與ANA CARGO進行整合、重編。NCA的公司名稱和塗裝將會如何改變，受到全世界飛機迷的關注。

塗裝的重點

機身寫著大大的「Nippon Cargo」現行塗裝。使用近年流行的波浪曲線裝飾機身，不單只有尾翼，連機身底部都寫著NCA。

尾翼的設計基本上沒什麼改變，NCA的商標中，C與A連接，A的上半部呈曲線狀是一大特徵。

DATA BOX

[所屬國家‧地域]日本　[IATA/ICAO CODE]KZ/NCA　[呼號]NIPPON CARGO　[主要使用飛機]B747-8F　[主要據點機場]成田機場、安克拉治國際機場　[加盟聯盟]無加盟　[創立年]1978年

❶從初代的波音747-200F開始到747-400F為止，都採用和ANA集團一樣的藍色與水藍色線條設計，機身寫上代表公司名稱的三個英文單字「Nippon Cargo Airlines」。❷波音747-400F被賦予以星座、星雲、天空為意象的機名，這些名字有「仙女座（Andromeda）」、「昴宿星團（Pleiades）」、「鳳凰座（Phoenix）」、「牡羊座（Aries）」等等。❸這一架雖然是ANA引進的767-300F，但是右舷卻有NCA的公司名稱。之後NCA變成日本郵船的完全子公司，2024年又變成ANA的完全子公司。

繼承日本傳統的鶴丸商標
JAL集團
Japan Airlines Group

　　日本航空（JAL）是日本戰後初期誕生的民營航空公司。塗裝雖然隨著歷史不斷變遷，但實質上的初代塗裝（正式塗裝），是在座艙窗戶附近施以紅色、駕駛艙及機身後段施以深藍色的飾線，各自還有白線交雜其中。當時的主力機種道格拉斯DC-4等飛機都以這種設計而廣為大眾所熟悉，不過現存的彩色照片很少，也許還比較多人是模型機上看到的也說不定。

　　微改款後的塗裝於1959年引進，象徵JAL的「鶴丸」商標也在這個時候第一次亮相，出現在道格拉斯DC-8和波音727上。但當時不是放在尾翼，只是輕描淡寫地塗在駕駛艙後方。鶴丸商標中間有「JAL」三個字母，機身塗裝加上「JAL」也是從這個版本開始。現在僅留部

被稱作「日之弧」的2002～2011年塗裝。因為是在與JAS合併的機緣下才登場的塗裝，所以有麥克唐納・道格拉斯DC-10、MD-11、MD-81/-87/-90、波音737、747、767、777、空巴A300等多種飛機使用這個版本。基底顏色是加入淡淡的奶油色的乳白色。

分機首的道格拉斯DC-8（富士號）上也能看到這個塗裝，正放在羽田機場保管中。

　　第二代正式塗裝是在1970年引進波音747時登場。施以紅色和深藍色直線條的機體，包含筆者在內，應該不少人對這個時代的塗裝才開始有印象。尾翼也開始塗上鶴丸商標時，正處於道格拉斯DC-8、DC-10和波音747 Classic的全盛時期。引進747-300和767時也採用了這個塗裝版本。

　　Landor Associates公司設計的第三代塗裝，隨著1990年引進747-400的時期一同登場，機身前方大大地漆上JAL的公司名稱商標，字體比舊款更細，顯得更加簡潔。垂直尾翼上的鶴丸商標稍稍往上偏移，也是經過仔細計算後的優秀設計。另外，英文公司名稱從全部大寫的三個單字「JAPAN AIR LINES」，變成頭文字大寫的兩個單字「Japan Airlines」。

　　第四代塗裝是在與日本佳速航空（JAS）合併的經營環境變化下，於2002年誕生。為了注重對等合併的意識形態，稱作「日之弧」的全新象徵取代了原本尾翼上的「鶴丸」商標。設計上採用曲線來區隔紅色和白色，交界處邊緣塗上銀色。公司名稱商標JAL的A，疊上了類似日文片假名「ノ」的線條，公司英文名稱則

塗裝的重點

加入了全部大寫的粗體「JAPAN AIRLINES」公司名稱的現行塗裝，簡潔又有力。

尾翼的鶴丸商標於現行塗裝復活。和以前的鶴丸比起來，JAL的字體變粗，紅鶴的羽毛間隙也變寬，經過微幅改款。

換成了全部大寫的「JAPAN AIRLINES」。不愧是Landor Associates公司所設計的塗裝，有極高的完成度，在飛機迷當中也頗具人氣。但是因為經營整合的關係，導致公司內部情況混亂跟裁員，最後還經歷一段經營不善的時期等一連串負面事件，對員工來說是沒有什麼好印象的塗裝。

第五代的現行塗裝於經營重建中的2011年登場。JAL沒有聘請外部的設計公司，而由宣傳部主導整個設計，在全白的機身上簡潔有力地漆著微微斜體的全大寫英文公司名「JAPAN AIRLINES」，尾翼上於第四代塗裝消失的鶴丸商標也復活了。公司名稱採用現有字體的航空公司不算少數，但這個版本的塗裝選用了原創的粗體字形。雖然當時預定引進的新銳機種波音787，在西雅圖的波音工廠內還有漆上日之弧的飛機，但在交機前全都改成現在的塗裝。目前的旗艦機種空巴A350也採用了這個版本。

DATA BOX

[所屬國家‧區域]日本　[IATA/ICAO CODE]JL/JAL　[呼號]JAPAN AIR　[主要使用飛機]B777、B787、B767、B737、A350　[主要據點機場]成田機場、羽田機場、伊丹機場、關西機場等　[加盟聯盟]寰宇一家　[創立年]1951年
※資料來自日本航空(JAL)

完全民營化後為了刷新企業識別而登場的塗裝，於1989～2002年使用。波音747-400也以這個塗裝登場。由Landor Associates公司負責設計，鶴丸中的JAL字母也變成更加簡潔的風格。

11

JAL在1971年2月領到第一架波音747，這是為了配合新飛機一起更新企業識別的塗裝版本，一直用到1989年。公司名稱是斜體的三個英文單字「JAPAN AIR LINES」，依照當時的主流，沿著座艙窗戶塗上直線條。

到「日之弧」塗裝時期為止，長年都有專用貨機，特徵是「CARGO」採用圓潤的模板字體。照片的飛機為了輕量化採用無塗裝的裸機機身，波音767F也有使用。

過去比現在更多樣化
同集團的塗裝介紹

由於JAL歷史悠久，篇幅受限的關係無法一一介紹，但是同個集團底下也存在各式各樣的塗裝。

2024年的現在，JAL航空集團旗下除了算是完全不同品牌的廉航（ZI-PAIR、春秋航空日本、捷星日本航空）之外，還有J-AIR、日本越洋航空（JTA）、琉球空中通勤（RAC）、北海道空中系統（HAC）等航空公司。現行塗裝在尾翼漆上和JAL一樣的鶴丸商標，但只有公司名稱是不同設計。在前一代的「日之弧塗裝」時期也是一樣的風格，不過在這之前，各公司的尾翼塗裝設計都不一樣，觀察箇中差異也是一大樂趣。而JTA在1993年前的名稱為南西航空，有自己的塗裝，其子公司琉球空中通勤直到2007年為止，也都使用原創的塗裝。另外，舊JAS集團的「彩虹塗裝」歸類在第140頁，有興趣的話可以參照。

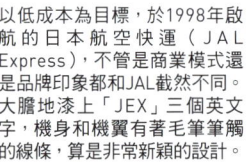

以低成本為目標，於1998年啟航的日本航空快運（JAL Express），不管是商業模式還是品牌印象都和JAL截然不同。大膽地漆上「JEX」三個英文字，機身和機翼有著毛筆筆觸的線條，算是非常新穎的設計。

1967年設立的南西航空（現在的JTA）的塗裝。1993年更名為日本越洋航空以前都以橘色為基調，尾翼漆有「SWAL」的公司簡稱，採用獨自的設計。

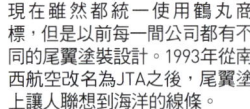

JTA的子公司RAC在2017年退役的DHC-8-100之前，都採用在尾翼漆上風獅爺的獨創塗裝。機身後半段的RAC商標也使用了特殊字體。

現在雖然都統一使用鶴丸商標，但是以前每一間公司都有不同的尾翼塗裝設計。1993年從南西航空改名為JTA之後，尾翼塗上讓人聯想到海洋的線條。

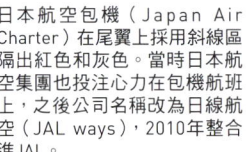

現在飛巴西航空工業E系列飛機的J-AIR，兩代前的舊鶴丸時代還在使用配備渦輪螺旋槳的捷流31。延伸到機身後段的水泥灰是本機的原創設計，和活躍於同時期的CRJ有些微不同。

日本航空包機（Japan Air Charter）在尾翼上採用斜線區隔出紅色和灰色。當時日本航空集團也投注心力在包機航班上，之後公司名稱改為日線航空（JAL ways），2010年整合進JAL。

航空自由化時代的第一顆新星
天馬航空
Skymark Airlines

現在已經成長為日本第三大航空公司的天馬航空，現行塗裝是於2005年更新後的版本，由策畫企業識別以及品牌、廣告行銷的RHYTHM公司擔任設計。趁著事業主體原為HIS旅行社和網路服務供應商——ZERO的創業者西久保慎一就任社長之時，同時引進新的企業識別。雖然公司名稱在2006年從Skymark Airlines，變更成Skymark，但是機身塗裝上的英文還是維持「Skymark Airlines」。

設計的核心概念著重在休閒感，以前採用的複數星星變成一顆，用黃色描繪的大型星星以曲線為界線，劃分出濃淡差異。星星所使用的黃色成為天馬航空的識別色，也常使用在商標以外的地方。

這個塗裝基本上是全機種通用，但相較於2005年運航的波音767-300ER和目前也在使用的737-800機身前方漆上「SKY★」，2014～2015年短暫使用過的空巴A330則是漆著「SKYMARK★」，只有這邊因為機種而有差異。

另外，737-800的小翼，會在不同的飛機貼上不同的標誌，除了黑桃（黑、綠）、梅花（黑、綠）、愛心（紅、藍）、方塊（紅、藍）的撲克牌花色系列之外，還有櫻花、櫻桃、向日葵、鬱金香、音符等等，種類豐富。甚至還有沒貼標誌或是沒有小翼的飛機。由於小翼會在保養時進行更換，有時左右小翼會有不一樣的標誌，這也是觀察天馬航空飛機時的樂趣之一。

塗裝的重點

天馬航空的波音737特徵就在小翼上，聽說會依照技師的玩心換上各式各樣的標誌，但基礎色調是外白內灰的設計。

DATA BOX

[所屬國家‧區域]日本　[IATA/ICAO CODE]BC/SKY　[呼號]SKYMARK　[主要使用飛機]B737　[主要據點機場]羽田機場、神戶機場　[加盟聯盟]無加盟　[創立年]1996年

❶本來應該成為國內線主力的空巴A330-300，除了和波音737有不一樣的商標「SKYMARK★」之外，發動機整流罩也塗上藍色。❷初代塗裝為了可以在機身上刊廣告的關係，採用了空白部分較多的樸素設計。和現代塗裝採用不同字體以及尾翼上的天鵝座，是值得關注的地方。❸以小關資朗的設計為基礎，波音公司設計部門製作的彩色示意圖。有改變飾線粗細和位置的小改款版，與把黃色飾線換成粉紅色或翡翠綠的版本，但這幾種都沒有實現。

成為新航空公司先驅的「北海道之翼」
AIRDO
AIRDO

現在的企業識別是於2012年10月，從北海道國際航空更名為AIR DO時引進，以「AIR DO的特色」、「AIR DO的未來」為核心概念，延用初代就有的水藍色、黃色的企業識別色為基調，進行社內徵選。白色的機身後半段畫上這兩個顏色的曲線，機身前方的「AIR DO」公司名稱由前往後慢慢變大，是很少見的風格。公司商標上方毫不刻意地寫著「北海道之翼」的品牌口號。另外，在2022年設立共同持股公司RegionalPlus Wings，和天籟九州航空（Solaseed Air）進行經營整合，但是這兩間公司依舊維持自己的品牌繼續飛航。

AIR DO於1998年啟航，是在航空法規放緩後誕生，接在天馬航空之後第二個啟航的新航空公司。從高需求航線的羽田～新千歲線開始，打破北海道航線運費居高不下的問題，提供北海道居民方便、快速的移動手段，就是「北海道之翼」當初設立的目標。

首代塗裝是讓企業識別色的水藍色和黃色沿著窗戶畫一直線，尾翼漆上當時公司名簡稱的「AIR DO」，機身寫上英文公司名稱「Hokkaido International Airlines」。AIR DO的定期航班雖然只有國內線，但觀察當時的公司名稱後，可以看出創立時就有將海外航線納入規劃的意圖。同時期啟航的天馬航空為了募集資金，使用在機身全面漆上廣告的手法；AIR DO卻像F1賽車一樣，採用在機身貼上許多廣告貼紙的方式，成排的企業商標讓塗裝變得相當熱鬧。

由於大型航空公司費用往下調整，以及2001年美國同時發生多起恐怖攻擊的影響，2002年因為經營不善，接受了ANA的支援，企圖重建。不過扎根北海道的企業精神也持續傳承到現在。

塗裝的重點

機身前方漆上英文的公司名稱「AIR DO」和品牌口號「北海道之翼」。現行塗裝一改首代的直線，帶給人簡潔又時髦的印象。

❶啟航剛開始的前幾年，初號機（JA98AD）的裝飾直線上，就貼了許多贊助商的商標和廣告。機身前方還有「受到試煉的大地・北海道」的大型標語，後面接著「只要有向前一步的勇氣，一定能開創些什麼」的副標，給人非常熱鬧的印象。❷進入2000年後，機身下方的「北海道」商標有了變化，加入「啊，雪的味道，旭川」、「世界自然遺產 知床」等北海道內知名景點的標語。❸2號機（JA01HD）在機身上描繪著北海道的風景。也有只在白色機身漆上日本訂房網站平台「Jalan」和北海道的商標。是一種散發出新航空公司必須以收益為優先，有點辛苦的塗裝。

DATA BOX

[所屬國家・區域]日本　[IATA/ICAO CODE]HD/ADO　[呼號]AIR DO　[主要使用飛機]B767、B737　[主要據點機場]羽田機場、新千歲機場　[加盟聯盟]無加盟　[創立年]1996年

日本少數的大膽廣告看板風格
天籟九州航空
Solaseed Air

天籟九州航空的英文名Solaseed，是將日文的「Sora（天空）」和「Seed（種子）」結合起來，具有「從天空撒下笑容的種子」的意涵，加上也有音階「（DO RE MI FA）SOL RA SI DO」的意思，讓公司名稱給人步步高升的印象。2011年從舊名亞洲天網航空（Skynet Asia Airways）變更為現在這個品牌名稱（正式變更要到2015年）的同時，推出漆上現行塗裝的新銳機種737-800。

配色採用稱作開心果綠（Pistachio Green）的淡綠色，表現出年輕感且綠意盎然的九州印象。極粗體的公司名稱以銀色的廣告看板風格描繪，機身下方也漆有公司名稱。以「人與人面對面就會產生笑容」為核心設計出的尾翼標誌，藉由兩種不同顏色，營造出兩人面對面牽手的姿態，和笑容種子向上躍起的樣子。

2002年以亞洲天網航空啟航的時候，採用的塗裝會讓人強烈意識到總部是位於九州宮崎縣的航空公司。設計師小關資朗使用了椰子樹和太陽等南國風情的元素，遺憾的是改變企業識

塗裝的重點

開心果綠的顏色與藍天相映成趣，尾翼上的標誌也有故事，可以看出兩人牽著手。利用深綠色表現出前後的層次感也是重點。

白色的機身上描繪著大大的銀色公司名稱，不會太過華麗，也不會太過俗氣。作為中間色的黃綠色如果用錯地方則會太過顯眼，但漆在小翼和發動機上，也能讓人知道是企業識別色。

別後就跟著消失了，是日本航空公司史無前例華麗且個性十足的設計。

DATA BOX

[所屬國家·區域]日本　[IATA/ICAO CODE]6J/SNJ　[呼號]NEW SKY　[主要使用飛機]B737　[主要據點機場]宮崎機場、羽田機場　[加盟聯盟]無加盟　[創立年]1997年（從泛亞航空（Pan Asia Airlines）開始算起）

亞洲天網航空時代的塗裝。機身下半部深藍色的線條讓人聯想到海洋，以綠色、黃色、粉紅色繪成的椰子樹和太陽，熱鬧地排列在機身和尾翼上。有著和現行塗裝完全不一樣的熱帶風情。

15

散發出高級感的雅緻塗裝
星悅航空
Starflyer

受到日本航空法規鬆綁的影響，天馬航空和北海道國際航空（現在的AIR DO）這兩間新航空公司於1998年相繼啟航。相較於前者打著便宜機票的名號，意圖破壞價格，同樣身為新航空公司的星悅航空，卻主打提升服務品質，以商務人士為目標客群。2006年3月以剛落成的新北九州機場為據點開始啟航，避開慢慢開始擁擠的福岡機場，一開始是在北九州～羽田間安排高頻率航班。使用的空巴A320雖然在當時最多可以設置180席，星悅航空除了只設定144席（之後變成150席）之外，全部席位還都安裝了個人螢幕，可說是非常豪華的款式。

星悅航空對於品牌核心概念也有很強烈的堅持，蘊含「如同彗星一般，在天空中畫出光芒巡迴全世界」意念的塗裝，向天空中閃耀飛翔的流星群「Mother Comet」致敬，以黑色為基礎色調，並活用現代感和奢華感的柔和曲線。Flower Robotics公司所設計的此塗裝，有著帥氣外觀的同時，也以航空界少見的黑色為基礎，給人視覺上的衝擊。2006年也被財團法人日本產業設計振興協會選為GOOD DESIGN獎。

塗裝的重點

機身後半段有「City of Kitakyusyhu」、「Heart of Kitakyusyhu」、「Spirit of Kitakyusyhu」等等對北九州市展現敬意的標語。

鯊鰭小翼的左右顏色也不一樣，和尾翼一樣右翼是白色，左翼是黑色。

黑色和白色的企業識別色不單單只在機身塗裝上，座艙裝潢、員工制服、機場櫃檯和官方網站等等也都統一使用，成功打造出星悅航空獨特的世界觀。機身塗裝以黑色為基礎，下半部漆上白色。尾翼的左舷是黑色，和右舷白色的尾翼呈非對稱設計是一大特徵。尾翼和發動機整流罩上還有圖案化的「SF」文字。另外，公司第一架自家購買的飛機JA08MC和JA23MC在白色與黑色的交接處，施以金色的飾線作為點綴。

❶尾翼左右不同顏色，左邊是黑色、右邊是白色。尾翼上描繪的「SF」字也有漆在發動機整流罩上。❷仔細觀察自家公司引進的JA23MC，可以發現在白色和黑色的界線還有金色飾線。已經退役的JA08MC也採用同樣的塗裝。

DATA BOX

[所屬國家·區域]日本　[IATA/ICAO CODE]7G/SFJ　[呼號]STARFLYER　[主要使用飛機]A320　[主要據點機場]羽田機場、北九州機場等　[加盟聯盟]無加盟　[創立年]2002年

「第一批」日本LCC的最新機種以新塗裝亮相
捷星日本
Jetstar Japan

把在澳洲成功發展的廉價航空（low-cost carrier, LCC）商業模式帶到尚未開拓此領域的日本，由JAL和澳洲航空共同出資設立的就是捷星日本。作為繼ANA的樂桃航空之後誕生的「第一批」日本LCC，在2012年以成田機場為據點啟航。十年後的2022年引進最新機種空巴A321LR，這架飛機也換上了全新的塗裝。

在澳洲航空旗下以LCC誕生的捷星集團，將橘色作為企業識別色。以前只會在機身下方漆上星星，再於鯊鰭小翼漆上橘色而已，但是A321LR從機身下方延伸到尾翼都漆上橘色，變成強烈主張企業識別色的華麗設計。塗裝特徵之一是尾翼左右給人不同的印象，尾翼斜斜地畫上碩大的「Jet★」，左舷是由下往上，右舷則是由上往下配置。

A321LR引進了新的鍍膜工法，讓塗裝重量比以前少了30%，藉此降低油耗。仔細觀察的話，可以發現佔據機身大部分的銀色變得比以前更加低調，有點接近於淺灰色，這也可以說是為了因應追求環保的時代所帶來的進化。

DATA BOX
[所屬國家・區域]日本　[IATA/ICAO CODE]GK/JJP　[呼號]ORANGE LINER　[主要使用飛機]A320/A321　[主要據點機場]成田機場、關西機場、中部機場等　[加盟聯盟]無加盟　[創立年]2011年

塗裝的重點

新舊塗裝在公司名稱下方都有「All day, every day, low fares（機票隨時都很便宜）」的副標。

「Jet★」的商標在尾翼右舷是由上往下，左舷則是由下往上寫，讓左右兩邊有些微差異。

機身下方也有「Jet★」的商標，由下往上看到正在飛翔的飛機時，便能知道是捷星航空。

2024年也還是有很多飛機是舊塗裝。這些舊飛機有著閃耀的銀色，但增加橘色部分的現行塗裝，讓整體給人更加鮮豔的印象。

啟航和塗裝都波瀾萬丈!?
ZIPAIR
ZIPAIR Tokyo

作為JAL旗下長距離LCC誕生的ZIPAIR，在新冠肺炎疫情最嚴重的2020年啟航，是一開始只能飛貨機的特例。

機身等設計是由廣告公司SIX負責，使用優美且給人誠實印象的羅馬字體。在窗戶加上整條直線也是近年航空公司少見的一大特徵，這是為了表現迅速飛往目的的速度感。

尾翼的淺灰色下方鋪著企業識別色黑、綠、白三色畫成的細線，登場時的塗裝還畫上了大大的「Z」字。但是由於俄羅斯在2022年2月入侵烏克蘭，對ZIPAIR的塗裝帶來了意想不到的影響。俄軍在戰車漆上的「Z」字成為侵略的象徵，日本當然就不用說了，連全世界都爭相報導的關係，可能會傷及ZIPAIR的形象，所以ZIPAIR緊急變更尾翼設計。這是各國人士都會搭乘的國際航線航空公司不得不做的判斷。

2022年6月開始變更尾翼設計，也有只在

現在的尾翼是以稱作和諧灰的灰色為基礎，再加上企業識別色的白、黑、信任綠（TRUST GREEN）的細線描繪而成，是非常瀟灑的設計。

「Z」的部分貼上新設計的應急措施，因為只是小規模的公司，所以尾翼的塗裝變更也很快就結束了。

DATA BOX
[所屬國家・區域]日本　[IATA/ICAO CODE]ZG/ZIP　[呼號]ZIPPY　[主要使用飛機]B787　[主要據點機場]成田機場　[加盟聯盟]無加盟　[創立年]2018年

登場時在尾翼漆上英文字「Z」，被稱作「信任綠（TRUST GREEN）」的綠色具備「安心、安全」的意涵。尾翼的底色為「和諧灰」，整體設計簡潔。

只有在尾翼的「Z」部分換上新設計的過渡時期。在2022年夏天之後看到，是不會感到不自然的設計。另外，設計上沒有被母公司JAL或是日本國籍所束縛這點也蠻符合LCC的特色。

18

進入JAL集團開啟第二章
春秋航空日本
Spring Japan

　春秋航空日本自2014年啟航以來，每逢資本關係及公司政策改變時，就會對塗裝進行小改款。由於在7年內變更過2次塗裝的關係，導致第一代、第二代、第三代塗裝同時並存。現行設計是以2021年進入JAL集團為契機，在同年的11月1日發表，機身漆上了纖細的英文大寫「SPRING JAPAN」。公司登記也從「春秋航空日本株式會社」變成「SPRING JAPAN株式會社」。

　在執筆本書的2024年春天，漆著上述三種塗裝的飛機都還在運航中，相似到乍看下會難以分辨哪個才是現行塗裝。

　春秋航空日本原本是中國廉價航空公司春秋航空主導設立的日本LCC，但如果要在日本經營航空公司，必須通過外資規制，所以得接受其他幾間日本國內企業出資。春秋航空想要打進日本國內線的目的，除了日本人的需求之外，也為了滿足中國旅客搭乘自家飛機來日本轉乘的需求，但是業績不如預期，事業擴大的速度也停滯下來。2020年陷入債務問題，接受JAL的支援重新出發。JAL也從春秋航空以外的股東手中購入股份，使其成為JAL集團旗下一員。現在股份持比為JAL66.7%、春秋航空33.3%，既為JAL的子公司，同時也是和春秋航空的合資企業。

塗裝的重點

從啟航當時就沒改過的尾翼設計。漆著與中國的春秋航空一樣的經營口號，代表「3S（安全、誠意、笑容）」。

DATA BOX
[所屬國家・區域]日本　[IATA/ICAO CODE]IJ/SJO　[呼號]JEY SPRING　[主要使用飛機]B737　[主要據點機場]成田機場　[加盟聯盟]無加盟　[創立年]2012年

2019年打著「新品牌SPRING啟動」的口號，對塗裝進行小改款。強調品牌名「SPRING」，將「JAPAN」小小地寫在窗戶列下方。

啟航時的第一代塗裝到了2024年春季也還在使用。中文名稱雖然叫作「春秋航空日本」但是英文公司名「SPRING AIRLINES JAPAN」當中卻找不到象徵秋天的單字，也是有趣之處。

公司名稱和設計都非常嶄新的日本第一間LCC
樂桃航空
Peach Aviation

　　LCC樂桃航空於2011年發表可愛、酷炫、樂趣十足的嶄新公司名稱和企業識別，據點位於關西機場就不用說了，也有許多從成田機場起飛的航班。桃子是發祥於亞洲的吉祥水果，給人年輕、活力、長壽、繁榮、幸運等正面印象，這也是選為公司名稱的理由之一。

　　塗裝使用了介於桃紅色與紫色中間的紫紅色，強調出品牌的躍動感，商標設計是由東京的品牌顧問公司「CIA」經手，過往在UNIQLO、三菱UFJ銀行等公司的品牌經營上也有實際成績。機身塗裝設計則是委託美國建築師德納里（Neil Denari，1957～）操刀。

　　公司名稱商標的字體中，最特別的就是英文字「P」，上半部的切口往左右擴展，讓人聯想到桃樹的葉子。尾翼上交錯配置著粉紅色、紫紅色、紫色，是具有躍動感的設計。沿著尾翼前緣斜斜寫著公司名稱，右舷由上往下寫，左舷則是由下往上，左右舷雖然有差異，但不會覺得奇怪。雖然從2012年啟航至今已經過了10年以上，是依舊感受不到過時的優異設計。

　　除了基本配色以外的特別塗裝機也不少，過去也有使用多元創作家內藤RUNE筆下的角色，

塗裝的重點

正式公司名稱叫作「Peach Aviation股份有限公司」，日本的航空公司較少使用英文單字「Aviation」。寫在發動機上的網址，似乎在之後的小改款被省略掉了。

尾翼使用由粉紅色和紫紅色構成複雜的圓形漩渦，上面壓著全部小寫的公司名稱。

以及和擔任品牌大使的篠田麻里子聯名的「MARIKO JET」，以年輕女性為客群的品牌行銷吸引了許多人的目光。還有遊戲、動畫《艦隊收藏》和德國汽車公司Beetle的貼膜飛機等，有各式各樣的特別塗裝飛機。

DATA BOX
[所屬國家·區域]日本　[IATA/ICAO CODE]MM/APJ　[呼號]AIR PEACH　[主要使用飛機]A320/A321　[主要據點機場]關西機場、成田機場等　[加盟聯盟]無加盟　[創立年]2011年

樂桃航空在2019年吸收同為ANA旗下的香草航空。舊香草航空飛機基本上會完全變更成樂桃航空的配色，不過在以租代購合約到期之前，JA08VA有短暫的期間保留了香草航空配色，加上PEACH商標的混和塗裝，一直使用到2022年為止。

與JAL集團合作經營的貨機
雅瑪多控股
Yamato Holdings

　　大型物流集團雅瑪多控股擁有以「黑貓宅急便」廣為人知的雅瑪多運輸。該公司2024年開始和JAL集團合作，以空巴A321P2F貨機啟航，飛向成田、羽田、新千歲、關西、北九州、那霸等機場。不過並非設立新的航空公司，飛機雖然是由雅瑪多控股準備，但是卻委託JAL集團旗下的春秋航空日本飛行。為了因應近年來貨車司機不足的問題，以國內長距離運輸小包裹為目的而引進的A321P2F貨機，也是日本第一次亮相。

　　大眾熟悉的黑貓標誌（貓媽媽叼著貓寶寶）是在1957年制訂，2021年藉由日本設計公司（Nippon Design Center）的社長暨設計師的原研哉之手更新，將黑貓親子的輪廓簡單地整合在一起，腳和耳朵修正成現代風格。黃色的背景色柔和地擴大成橢圓形，中間描繪著黑貓親子的圖案，點綴在飛機A321P2F的前方。尾翼上描繪的是被稱作「Advance Mark」的新商標，象徵著雅瑪多集團是一間持續挑戰提供全新品牌價值的事業，特徵是黑貓親子變成直線排列的設計。

　　雅瑪多集團的企業識別色是黃色、白色、黑色、銀色四種，同公司的貨車也採用了白色車身、銀色車斗、前方有黑貓標誌、後方有Advance Mark。A321P2F也施以同樣的設計，

尾翼上描繪著現代感十足的「Advance Mark」。飛機登錄編號末端的YA是YAMATO的縮寫。

機身前方有臺灣人也很熟悉的黑貓標誌。2021年小改款，英文公司名稱變成粗體大寫，並且改為兩行。

機身後方有「Operated by SPRING JAPAN」的標語。雖然是在新加坡進行貨機改裝和塗裝，但是春秋航空日本的貼紙是在成田機場貼的，所以稍微有點色差。

不過和貨車不一樣的地方在於機身後方點綴著春秋航空日本的商標，顏色是春秋航空日本的深綠色企業識別色。

21

[JA01FJ] 夢想紅。機身漆上了總公司位於山梨縣的贊助商「莎得徠茲（Chateraise）」商標，機首也有小型的商標

妝點天空的15種多彩塗裝
富士夢幻航空
Fuji Dream Airlines

　　富士夢幻航空（FDA）以富士山靜岡機場和縣營名古屋（小牧）機場為據點，使用巴西航空工業E系列的飛機，多彩的塗裝設計放眼世界也非常特殊，每架不同配色的飛機，構成一個龐大機群（只有JA04FJ和JA11FJ同為深綠色）。1980年代的美國布蘭尼夫國際航空（Braniff International Airways）也引進了同樣的配色概念，旗下的飛機全面漆上紫色、橘色、水藍色、黃綠色等顏色，使用道格拉斯DC-8和波音727、747等飛機，因為機身尺寸和事業規模都比FDA更大的關係，所以特別顯眼。當中還有被暱稱為「大橘子」和「大南瓜」的橘色波音747，非常知名。

　　讓人聯想起布蘭尼夫國際航空的FDA，雖然使用小型的Embraer 170/175，但醒目的多彩塗裝散發著強大的存在感，即使在大機場也不容易被埋沒，增加了乘客的期待感：「今天搭的飛機是什麼顏色呢？」報到櫃台上的飛機時刻表除了顯示目的地和出發時間之外，還顯示了當天使用的飛機顏色。引進新飛機的時候，還會對一般民眾徵求配色建議，並且展開最後會是什麼顏色的猜謎活動。

　　話雖如此，對於一間需要使用印刷物和資料的公司來說，企業識別色還是很重要。所以FDA將第一架飛機使用的「夢想紅」作為企業識別色，座艙服務員的制服也使用這個顏色。

　　在2024年的現在，16架飛機共有15種配色。如果在一大早前往小牧機場的觀景台，就能看到繽紛飛機一字排開的場景。

DATA BOX

[所屬國家・區域]日本　[IATA/ICAO CODE]JH/FDA　[呼號]FUJI DREAM　[主要使用飛機]E170、E175　[主要據點機場]靜岡機場、縣營名古屋機場等　[加盟聯盟]無加盟　[創立年]2008年

[JA02FJ]淺藍色。FDA官方網站的問卷調查所選出的顏色，象徵著富士山的山麓。

[JA03FJ]粉紅色。贊助商是靜岡當地的小丸子樂園，機身後方也畫了小丸子的圖案。

[JA04FJ]綠色。以靜岡縣的茶和信州的山為意象的配色，以前還曾貼上松本市吉祥物Alp醬的貼紙。

[JA05FJ]橘色。因為問卷調查中人氣居高不下才選擇的顏色。靜岡同時為橘子的產地，所以才深受喜愛。

[JA06FJ] 紫色。柔和色系的深紫色，還有過貼上「銀河鐵道999」的包膜。

[JA07FJ] 黃色。亮色系的關係，公司名稱商標有點不顯眼，但從遠方看是非常醒目且漂亮的配色。

[JA08FJ] 茶綠色。2022年幾個月的時間內以「地球上最愛綠茶的城市，靜岡縣島田市」的標語飛翔在藍空中。

[JA09FJ] 金色。和岩手縣簽下命名權的合約，機身寫上「黃金的國度，岩手」，擔任推廣岩手縣和花卷線的使用。

[JA10FJ] 銀色。和青森縣締結命名權合約，以青森的品牌米命名，被稱作「晴天霹靂」號。

[JA11FJ] 綠色。雖然和四號機（JA04FJ）同色，差別是這一架的機型為ERJ-175STD（四號機是ERJ-170SU）。

[JA12FJ] 白色。相較於其他飛機的公司名稱商標都採用反白處理，本機在白色機身上將商標、尾翼以及發動機都漆上紅色的企業識別色。

[JA13FJ] 海軍藍。有一段時期是由高知縣取得命名權。之後也以「Yupiteru羽衣6」號的暱稱飛航。

[JA14FJ] 酒紅色。漆上華麗且美麗的塗裝，2019年啟航。

[JA15FJ] 玫瑰紅。比3號機更深的玫瑰色，也是在女性間人氣極高的顏色。

[JA16FJ] 紫羅蘭色。繼13號機之後，是與電子儀器廠商Yupiteru的原創動漫角色聯名的「Yupiteru羽衣6」2號機。

排列在據點靜岡機場的四台FDA飛機，顏色鮮艷又獨具個性的機身，尺寸雖小但非常顯眼。

23

維持創業時的先進塗裝
伊別克斯航空
IBEX Airlines

以仙台機場為據點，連結地方都市的伊別克斯航空在2000年以Fair Inc.的公司名稱開始啟航。由於還正處航空法規開始鬆綁的時代，公司名Fair包含了追求「公平（Fair）」的意思。當時使用的飛機為可以搭乘50人的龐巴迪CRJ100（之後也引進了200的型號），但現在都是使用新世代飛機CRJ700NG。

創立時的社長大河原順一同時也是天馬航空的初代社長，同樣擔任天馬航空初代塗裝設計的小關資朗也替Fair Inc.設計飛機塗裝。

2004年將公司名稱變更成現名，源自於母公司日本數位研究所（JDL）推出的會計軟體「JDL IBEX」，「IBEX」指的是一種棲息在阿爾卑斯山高原的山羊。當時設計師小關先生也經手「JDL IBEX」的包裝設計，變更公司名稱後也沒有變更塗裝，一直用到現在。儘管是完全不同種類的企業，但是公司名稱和塗裝設計都意圖和母公司有所協調，非常有趣。另外，在海外進行的航空公司顏色票選中，也獲得了「都會感十足的品味」、「讓人聯想到紐約的設計」等評價。在2000年當時算是時髦的設計，到了現在也不會讓人感到過時。

DATA BOX
[所屬國家‧區域]日本　[IATA/ICAO CODE]FW/IBX　[呼號]IBEX　[主要使用飛機]CRJ　[主要據點機場]仙台機場、伊丹機場等　[加盟聯盟]無加盟　[創立年]1999年（以Fair Inc.開始算起）

塗裝的重點

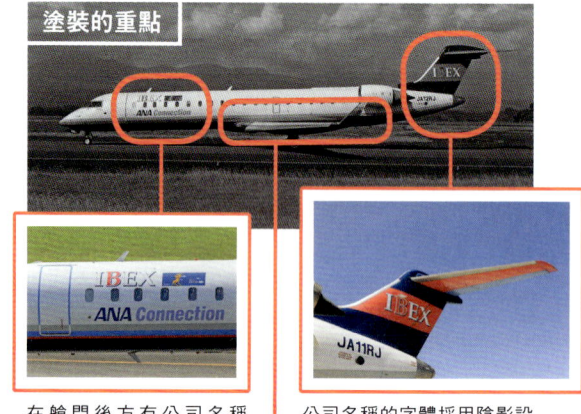

在艙門後方有公司名稱「IBEX」，再後面是日本數位研究所的「JDL IBEX」廣告。另外，窗戶下方的「ANA Connection」標誌使用了兩種顏色。

公司名稱的字體採用陰影設計，整體強而有力。只有「B」變成洋紅色為主要的特點。水平尾翼也是洋紅色，配平片則是加了一點灰色的水藍色，是相當精簡的設計。

主翼下方為洋紅色，機身底部為深藍色，特別的是連襟翼都有顏色。以當時機身底部大都漆上白色或灰色的2000年來看，是非常先進的設計。

Fair Inc.時期的塗裝。艙門描繪可以帶出平衡感的信號員平衡人偶圖案。「Fair」的公司名稱和現在的「IBEX」不一樣，採用了柔和的字體。

已經退役的DHC-8-100初代塗裝

第二代「MIZOKA號」單獨奮鬥中
天草航空
Amakusa Airlines

DATA BOX

[所屬國家‧區域]日本　[IATA/ICAO CODE]MZ/AHX　[呼號]AMAKUSA AIR　[主要使用飛機]ATR42　[主要據點機場]天草機場、熊本機場　[加盟聯盟]地區航空服務聯盟協議會　[創立年]1998年

以日本規模最小的航空公司而聞名的天草航空。總公司位於熊本的天草，2000年以DHC-8-100啟航。2013年採用的第二代塗裝是以天草大海也能看到的海豚為設計，暱稱「MIZOKA號」在天草方言中有「可愛」的意思。繼承這個塗裝設計的ATR42於2016年啟航，在發動機上畫有海豚寶寶，命名為「快」君和「晴」醬，象徵著日文的「快晴（萬里無雲）」。機身下方描繪著熊本當地的吉祥物「熊本熊」。

照片提供＝ATR

引進ATR42以前的主力機種DHC-8-200

以長崎為據點成為空中橋梁的短程客機
東方空橋
Oriental Air Bridge

DATA BOX

[所屬國家‧區域]日本　[IATA/ICAO CODE]OC/ORC　[呼號]ORIENTAL BRIDGE　[主要使用飛機]ATR42　[主要據點機場]長崎機場、福岡機場等　[加盟聯盟]地區航空服務聯盟協議會　[創立年]1961年

東方空橋以離島較多的長崎為據點。當初以長崎航空的名字創立，過去使用BN-2 Islander飛機，不過2001年改為現在的名稱，引進DHC-8-200擴大事業版圖。白色的機身上描繪著深藍色、水藍色、綠色的曲線。2022年引進的ATR42-600將設計理念變更成在五島灘上空翱翔的海鳥。機身漆上象徵天空的水藍色、海水的深藍色、島群的綠色，前方則用較淺的水藍色象徵飛鳥的曲線。另外，英文公司名稱使用讓人產生信賴感的粗體文字，和全日空之翼共用DHC-8-400，進行共同事業飛行。

振翅起飛的新潟之翼
TOKI AIR
Toki Air

以新潟機場為據點，在2024年航行札幌‧丘珠線的地區航空公司。公司名稱「TOKi」是以新潟‧佐渡為棲息地中心的朱鷺來命名，商標當中「i」的那一點為紅色，象徵著朱鷺的紅色鳥喙。ATR72的機體塗裝在尾翼用上了令人聯想到日本海的深藍色，並且畫上象徵朱鷺展翅的圖形。機身採用除了公司名稱以外，沒有其他文字，設計簡單樸素。

DATA BOX

[所屬國家‧區域]日本　[IATA/ICAO CODE]BV/TOK　[呼號]TOKI AIR　[主要使用飛機]ATR72　[主要據點機場]新潟機場　[加盟聯盟]無加盟　[創立年]2020年

25

為了理解「客機設計」的

塗裝專門用語

說明客機塗裝時，有常使用的用語。除了本書之外，日本《AIRLINE月刊》為首的各民營航空公司專門書內容也很常出現，這邊就來解說在理解塗裝時可以知道的幾個專門用語。

聯合航空機身下方描繪著淺灰色和金色的波浪細線塗裝。

【波浪】
2010年代很常看到的設計。顧名思義，除了機身下方塗有波浪狀的曲線之外，也會用同樣的細線作為點綴。日本飛機雖然比較少採用，但是在海外很常見。

過去為主流的直線設計。沒有窗戶的貨機採用這種塗裝的航空公司還不少。

【直線】
指的是沿著窗戶漆上一條橫線，到1980年代為止是主流設計。以前客機多半是飛不高的螺旋槳飛機，飛行高度較高的渦輪螺旋槳飛機登場後就被取代。相較於裝備加壓系統的新飛機圓形窗戶，舊型飛機的窗戶為四角形，一開始可以說是為了讓人不容易發現是舊型機才漆上的塗裝設計。英文名稱為「CHEAT LINE」，有「蒙騙欺瞞」的意思。因為加上直線後，與噴射機細長的機身也很搭，進入噴射機時代後也有許多公司採用這種塗裝設計。

尾翼設計是西班牙LCC的水平航空，公司名稱則是伏林航空的空巴A320混和塗裝。

【混和塗裝】
「HYBRID」具有將不同的東西組合起來的涵義。在客機塗裝的領域中，指的是在A公司的塗裝設計加上B公司的名字等等，一架飛機的塗裝有兩間公司以上的名字和設計，在航空公司合併時常會看到。

將「NORSE」的品牌名稱，以廣告招牌風格漆在機身上的北歐大西洋航空波音787。

【廣告招牌風格】
不管窗戶等位置，將公司名稱大大地漆在機身上，就是所謂的廣告招牌風格。據說發源於美國的西方航空，近年來逐漸成為常見設計。

過去夏威夷航空飛航的道格拉斯DC-10。採用裸機設計的話，需要定期研磨機身，保養手續很費工夫。

【裸機】
以前常見於美國的航空公司，直接將金屬表面外露，沒有漆上基底色調的塗裝，具有輕量化的好處。到2000年代為止，許多貨機都有採用。近年來像波音787和空巴A350一樣由複合材質所製成的飛機增加，加上防鏽等保養花錢費時，以降低成本的觀點來看，裸機設計有減少的傾向。

機身線條直接延伸到尾翼上方，形狀就像是曲棍球桿。

【曲棍球桿】
1990年代開始增加的設計，機身的線條直接延伸到尾翼上，形狀就像是冰上曲棍球的球桿而得名。

機身的白色底色被稱作「歐洲白」。

【歐洲白】
1990年代開始流行，以白色為基底的色調被稱作「歐洲白」。德國漢莎航空、西班牙國家航空、法國航空、加拿大航空、智利南美航空等等，採用過的航空公司不勝枚舉。現在也是客機顏色的主流。

第2章

外資系航空公司
(直飛日本)
Foreign Airlines (On Line)

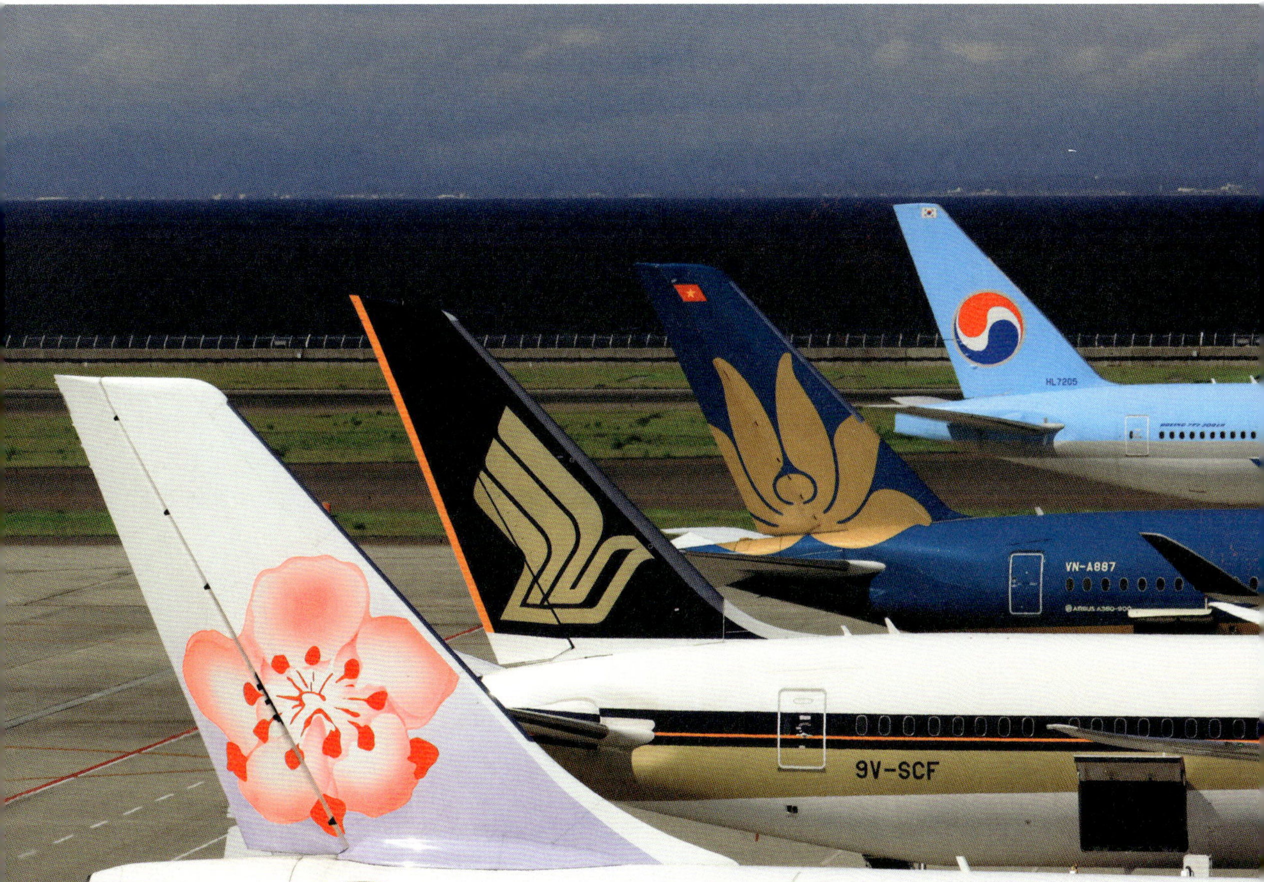

從裸機變成美國色彩濃厚的現代塗裝
美國航空
American Airlines

美國航空現在的塗裝設計於2013年登場。至此之前將近30年間，美國航空以採用稱為「裸機」的風格，將機身打磨拋光到閃閃發亮而知名，當他們變更塗裝時，對於飛機迷和航空業界來說，都是非常衝擊的事件。

「裸機」時代的美國航空。除了沿著窗戶漆上紅、白、藍的線條之外，基本上沒有任何塗裝，但是為了維持機身的金屬拋光很費工夫。尾翼的兩個英文字「AA」之間坐鎮著連接現代的老鷹。

合併前的全美航空最終塗裝。尾翼有象徵星條旗的圖案，雖然設計不一樣，但美國航空的尾翼設計繼承了全美航空的概念。

這時的美國航空於2011年正處於申請Chapter 11（美國破產法第十一條）等陷入經營困難的困境，還要和全美航空進行大型合併，以新生姿態重新出發的關係，所以需要全新的企業識別。

美國航空顧名思義是代表美國的航空公司之一，塗裝也採用了和星條旗一樣的藍、白、紅三種顏色。尾翼點綴著美利堅合眾國的國徽，現行塗裝也使用了這些顏色，加上現代化的老鷹設計，尾翼以讓人聯想起星條旗的藍、白、紅為基調，並加進淺灰色作為補色。還為了讓色彩產生陰影，使用許多小圓點，近距離觀看的話，可以理解是非常精緻的設計。作為象徵的老鷹從尾翼移到機身前方，藍色和紅色線條翻轉，成為表現鳥頭意象的別緻設計。

這時的合併保留了美國航空的公司名稱，新的CEO則是由原本全美航空的CEO就任。雖然以事業規模來說是美國航空比較大，但是相較於經營不善的美國航空，全美航空的經營狀況更為健全，所以新生的美國航空才會以全美航空主導的形式重新出發。

全美航空的塗裝設計是在尾翼放了圖案化的

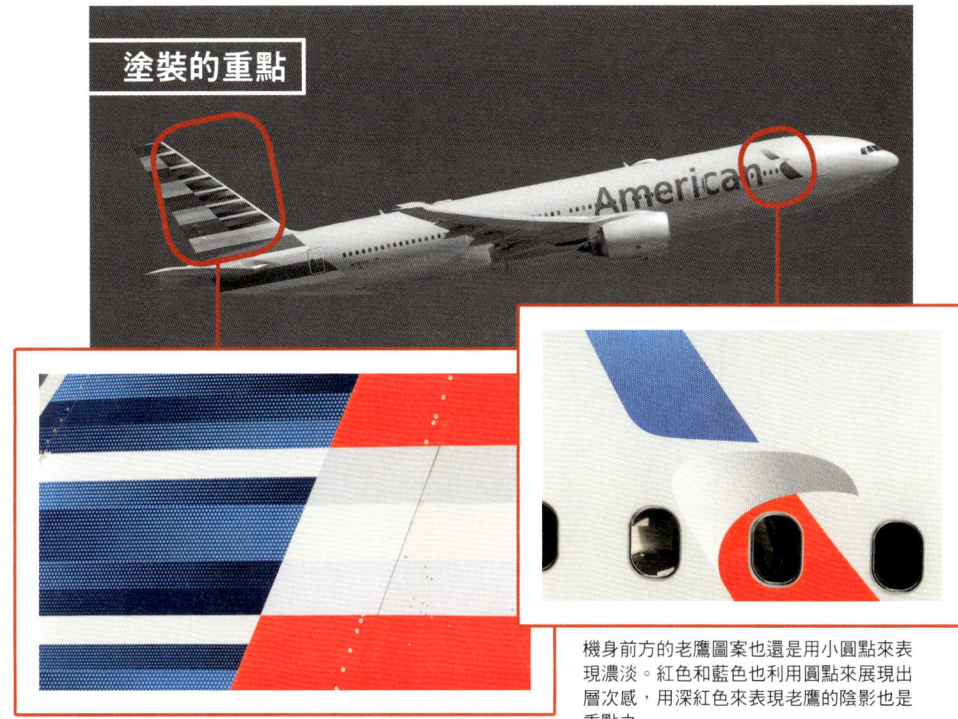

塗裝的重點

近距離觀察尾翼，除了可以發現藍色部分利用小圓點來表現明暗之外，紅色和淺灰色也都有各自的濃淡差異，是相當複雜的配色。

機身前方的老鷹圖案也還是用小圓點來表現濃淡。紅色和藍色也利用圓點來展現出層次感，用深紅色來表現老鷹的陰影也是重點之一。

星條旗，而現行塗裝採用了全美航空的設計元素，加上許多美國航空的配色，也可以說算是一種混和塗裝吧。

美國航空雖然以持有900台以上的飛機（不包含區域性航空公司）自豪，但事業規模能擴大到這種地步，其實是靠著吸收和合併許多航空公司。為了致敬這些公司，會使用原航空公司的塗裝，或是採用混和塗裝的形式，現在也存在數種不同公司的塗裝。只是因為機隊規模龐大，能在美國本土遇到的機率很低，如果能在機場看到的話，是非常幸運的事情。

DATA BOX

[所屬國家·區域]美國　[IATA/ICAO CODE]AA/AAL　[呼號]AMERICAN　[主要使用飛機]B777、B787、B737、A319/A320/A321　[主要據點機場]達拉斯沃斯堡國際機場、芝加哥歐海爾國際機場、紐約約翰甘迺迪（JFK）國際機場等　[加盟聯盟]寰宇一家　[創立年]1926年（American Airways開始算起）

存在於1949年到1988年，被US AIR（當時的公司名字）吸收的PSA（太平洋西南航空）復古塗裝機。機身前方有現在的美國航空商標，駕駛艙下方的微笑標誌在當時非常有名。

和全美航空合併而消失的美國西方航空的最終塗裝復古飛機。現在的員工或許也有來自以前美國西方航空的人，看到向舊公司致敬的特別塗裝應該會很開心吧。

29

和西北航空合併後存在感急速上升
達美航空
Delta Air Lines

　顧名思義，三角形標誌彷彿要衝出尾翼的塗裝，就是達美航空的最大特徵。達美航空2007年開始換成這個設計，因為在同年擺脫CHAPTER 11（美國破產法第十一條），懷抱著重獲新生的意涵，也加上了代表前進和高昇的口號「Onward and Upward」。

　寫在白色機身上的「DELTA」文字採用簡潔的字體。作為企業識別色的深藍色，不僅使用在公司名稱，也用在發動機和尾翼的底色，機身底部也有深藍色的曲線。尾翼上的三角形商標以中央線為界線，分別漆上濃淡兩種紅色是一大特徵，最近機身底部還有將「DELTA」文字反白的新配色登場。這個三角形的商標從1960年代開始，就是達美航空代代繼承下來的企業識別標誌，在新的企業識別登場時，也改變了設計繼續使用。

　達美航空從1962～1997年間，長年持續使用被稱作「Widget（小工具）」的塗裝，投入日本線的洛克希德L-1011三星式也採用了這個大家所熟悉的樣式。但是之後登場，給人現代化印象並被稱作「Interim（過渡期）」的塗裝，短短三年間（1997～2000年）就結束了。2000年開始換成尾翼上彷彿有三色旗隨風飄舞的「Colors in Motion（動感顏色）」，在短時間內就變更了幾次企業識別。

　雖然發表現行塗裝的隔年，也就是2008年決定和西北航空進行大型合併案，前一年發表的新塗裝也沒有改變。相較於在成田機場散發著巨大存在感的西北航空飛機慢慢變成達美航空的塗裝，達美航空自己的飛機不管是公司名稱還是塗裝設計都沒有改變。表面上說是「合併」，但是觀察塗裝的變化，給人的感覺反而像是西北航空被達美航空吸收。

　當時達美航空在日本航線的主力機種，是麥道MD-11和波音777；西北航空則是波音747-

1962～1997年長期使用的「Widget」塗裝，和洛克希德L-1011非常搭。三角形的商標各自畫在機身前方，尾翼和發動機上。紅色和深藍色兩種顏色的設計和現在一樣，但色調稍微有差異。

1997～2000年短命的「Interim」塗裝，保留沿著窗框的直條飾線，公司名稱變成「Delta Air Lines」。「Delta」和「Air Lines」採用不同顏色，展現小小的玩心。只是等不到全機換裝，下一個塗裝版本「Colors in Motion」就登場了。

塗裝的重點

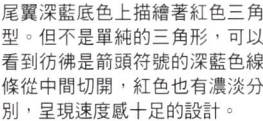
尾翼深藍底色上描繪著紅色三角型。但不是單純的三角形，可以看到彷彿是箭頭符號的深藍色線條從中間切開，紅色也有濃淡分別，呈現速度感十足的設計。

近年來機身底部追加「DELAT」文字的飛機也增加了，最初採用這種設計的是空巴A350。

400。雖然747推出時，達美航空曾經短暫使用過，不過把西北航空重新漆成達美航空塗裝的747，給人一種新鮮感。許多直飛成田機場的達美航空飛機，也讓機場的午後風景煥然一新。只是現在同公司的「東京航線」飛機，全部都集中到羽田機場去了。

位於美國喬治亞州亞特蘭大的達美航空總部，所屬的航空博物館非常知名，從飛成田線的747-400開始，現場還有展示757、767、洛克希德星座式等過往名機當年現役時的塗裝。不但確實地保存了達美航空90年以上的歷史，還可以看到以前塗裝的實體飛機，放眼整個世界來說也極為珍貴吧。

DATA BOX

[所屬國家・區域] 美國　**[IATA/ICAO CODE]** DL/DAL　**[呼號]** DELTA　**[主要使用飛機]** A350、A330、A319/A320/A321、A220、B767、B757、B737、B717　**[主要據點機場]** 亞特蘭大機場、底特律機場、明尼阿波利斯－聖保羅國際機場、紐約約翰甘迺迪（JFK）國際機場等　**[加盟聯盟]** 天合聯盟　**[創立年]** 1925年（輸送旅客則是從1928年設立的達美空中服務開始）

2000～2007年使用的「Colors in Motion」塗裝，公司名稱再度變回「Delta」，但除了首字以外都變成了英文小寫。尾翼上的紅色、深藍色、水藍色都有不同的深淺，就像是三色旗隨風飄舞，是現今也能使用的現代化設計。

達美航空旗下有啟發早期發現乳癌的特別塗裝飛機，將原本的顏色種類變成粉紅色，現在則是在原創配色上裝飾著粉紅色蝴蝶結。

31

設計保留舊美國大陸航空的影子
聯合航空
United Airlines

　　從成田機場和羽田機場飛往美國本土，到從日本各地飛往關島和塞班島的航線上，都能看到聯合航空的飛機振翅高飛。從2019年使用至今的塗裝，白色機身漆上大寫的「UNITED」商標，機身下方有波浪曲線，算是近年流行的風格。尾翼則繪有從美國大陸航空時代延續下來的地球儀。

　　前一代的塗裝是因為聯合航空和美國大陸航空合併而誕生。雖然保留了聯合航空的名稱，但為了注重地位對等的合併意識，配色則繼承了美國大陸航空的設計。作為設計基礎的美國大陸航空塗裝，從1991年長年使用至今，是大眾都很熟悉的樣式，因此給人的印象就像是美國大陸航空本身。

　　以這樣的塗裝為基礎，在新銳機種波音787和737MAX上，使用了機身下方有波浪曲線的專用設計。兩者相較下，787的尾翼漆上了比舊款更淺一點的深藍色。這個波浪曲線的設計，也繼承到現行塗裝上。

　　2004～2010年間採用稱作「藍色鬱金香」的塗裝，給人清爽的印象。機身下方塗上深藍色，聯合航空長年使用的商標——英文字母「U」，大大地畫在尾翼上到要超出來的地步。這個「U」字商標由於形似鬱金香，成為暱稱的由來，使用當時最新技術表現出層次感也是特徵之一。另外，沿著機身的窗戶列階段式，使用了不同深度的藍色飾線，整體有著精細複雜的設計。

波音747 Classic和洛克希德L-1011都有使用橘色、紅色、藍色的三條飾線。747-400也用這個塗裝登場，中間也曾出現把UNITED公司名稱放大的小改款。

1993年登場的「戰艦灰」，特色是尾翼有加進深藍色的線條。機體上半部的灰色與下半部的深藍色之間，以橘、紅、藍的細線作區分。

距離前一次改變塗裝設計僅4年，又發表了新的企業識別色，改成白色與藍色，搖身一變為明亮的設計。除了「U」的商標外，紅色跟橘色都消失了。

塗裝的重點

尾翼描繪有地球儀的圖案。這是承襲美國大陸航空而來的尾翼設計。

在「藍色鬱金香」前一代的塗裝，是1993～2004年使用的「戰艦灰」。深藍色和暗灰色的莊嚴色調，也被飛機迷稱為「軍用機塗裝」。成田機場當時聚集了許多聯合航空的飛機，份量感十足的塗裝令人印象格外深刻。當時形成企業識別的紅色和橘色，還用了深藍色和灰色作為點綴，之後成為同公司主力機種的波音777，也採用過這個「戰艦灰」的配色。

對老飛機迷來說，最懷念的應該就是以橘、紅、藍直條飾線所構成、讓人印象十足的「索爾‧巴斯（Saul Bass）配色」吧。1974年登場的這個配色，是聯合航空接收泛美航空在太平洋航線的航權、飛機、員工時的產物，對日本人來說，也是對聯合航空最有印象的設計。而尾翼的「鬱金香」在之後也成為令人倍感親切的標誌。波音747、道格拉斯DC-10、洛克希德L-1011都以這個塗裝活躍過，747-400也為這個塗裝登場。

親手設計這個塗裝的是著名的平面設計師巴斯（Saul Bass,1920～1996），在1960～1990年代也以設計眾多大型企業的商標而廣為人知。以航空公司來說，除了聯合航空之外還有美國大陸航空和邊疆航空，其他的大企業或組織則有AT＆T、BELL、NCR、舒潔、YMCA等等不勝枚舉。日本也有KOSÉ、味之素、日本能源等公司的商標都是由他經手。

DATA BOX

[所屬國家‧區域]美國　[IATA/ICAO CODE]UA/UAL　[呼號]UNITED　[主要使用飛機]B777、B787、B767、B757、B737、A319/A320/A321　[主要據點機場]芝加哥歐海爾國際機場、休士頓機場、洛杉磯機場、紐約機場等　[加盟聯盟]星空聯盟　[創立年]1926年（以Varney Air Lines算起）

僅波音787跟737MAX採用的設計，機體下半部施以流行的波浪線條。金色線條的位置比以前上移，而且機首跟機尾的線條不同粗細，設計凝鍊簡潔。

因為合併的關係，從美國大陸航空沿襲而來的塗裝。雖然現在已經看習慣了，但新塗裝登場時，很多人認為美國大陸航空的塗裝跟聯合航空商標的組合不是很平衡。

美國大陸航空時代的塗裝。社名商標「Continental」比後一代的「UNITED」還要細，給人簡約的印象。認為這版較勻稱合適的人比較多。

現行塗裝。尾翼人物頭像的背景色採用漸層處理，有著複雜精湛的設計。

開始啟用最新機種787-9
夏威夷航空
Hawaiian Airlines

作為夏威夷最具代表性的航空公司，在日本的知名度也很高。現在的塗裝於2017年登場，將2001年引進767-300時登場的塗裝進行小改款，前一代設計變得華麗的粉紅色和紫色，現在又更加重顏色。尾翼上畫著象徵「天堂花」的「Pualani」商標，笑容滿面的女性表情跟以前相比，對比感更強，給人更加清晰的印象。前一代偏長、以辨識度為優先的橫幅公司名稱，在現行塗裝也變得清爽許多。

現行塗裝最大的特徵，可以說是將夏威夷在重要節日都會使用的Maile Lei花圈，以銀色塗裝包覆在機身上。公司表示：「這是象徵以溫暖的心歡迎客人，和大家都是一家人緊密相連的夏威夷傳統。」

在設計最複雜的尾翼周圍，不單單使用了深藍、紫、粉紅和紅等多種顏色，也花了許多功夫在表現人物背景色的層次感。散發開朗的熱帶風情的同時，又兼顧不會太過浮誇的優雅氛圍，是非常完美的設計。

如同前文所說，成為現行塗裝基礎的前一代塗裝，是於2001年引進767為契機登場，但在這之前，夏威夷航空的廣體飛機都是中古機，例如前美國航空的DC-10、前TWA和前ANA的L-1011。之後引進全新的A330，2024年開始以最新機種787-900進行飛航。另外還決定和阿拉斯加航空合併，預定在2026年加入寰宇一家聯盟。

❶2001～2007年間的塗裝，為現行的設計基礎。基本上雖然一樣，但是公司名稱的字體、尾翼的色調和複雜程度與現在不同。❷1994年開始使用的道格拉斯DC-10。雖然公司終於成長到需要使用廣體客機的事業規模，但是裸機塗裝給人美國航空用過的舊飛機印象。❸提到1990年代的夏威夷航空，對這個塗裝的印象最深刻。應該也有許多日本人要從檀香山離開時有搭過，字體也是可愛的風格。❹2000年開始使用前美國大陸航空的道格拉斯DC-10。只有用廣告風格的字體寫著公司名稱，沒有裝飾線，算是過渡時期的設計。

DATA BOX
[所屬國家‧區域] 美國　**[IATA/ICAO CODE]** HA/HAL　**[呼號]** HAWAIIAN　**[主要使用飛機]** A330、A321、B717、B787　**[主要據點機場]** 檀香山國際機場、卡胡魯伊機場　**[加盟聯盟]** 寰宇一家（預定）　**[創立年]** 1929年

也有飛抵日本的加拿大第二大航空公司
西捷航空
WestJet

2023年開始飛成田機場的加拿大西捷航空，1996年啟航初期就以高品質的LCC為主打，以波音737飛國內航線。企業識別色是深藍色和綠松石藍，機體塗裝則是在白色的機身上半部，漆上粗大的大寫公司名稱和商標WESTJET，非常簡潔。只不過資歷尚淺的航空公司要進入國際航線的話，缺點是很難看出所屬國家。

以高服務品質獲得好評的西捷航空，除了加拿大全域之外，還將飛航路線拓展到美國，成長為繼加拿大航空之後的第二大航空公司。2010年代後期轉換成傳統全服務航空公司的同時，也將超低成本航空公司（ULCC）和區域航空公司納入傘下。

現行塗裝於2018年登場。廣告看板風格的公司名稱使用了時髦的字體，尾翼除了以前就有的商標之外，還漸層描繪上象徵加拿大的楓葉，成為可以讓人認出是加拿大航空公司的企業識別。左舷主翼上漆著「The Spirit of Canada」，右舷則加上了同樣意思的法文標語「L'esprit du Canada」。

DATA BOX
[所屬國家‧區域]加拿大　[IATA/ICAO CODE]WS/WJA　[呼號]WESTJET　[主要使用飛機]B787、B737　[主要據點機場]多倫多機場、溫哥華機場、卡加利機場　[加盟聯盟]無加盟　[創立年]1994年

塗裝的重點

尾翼上象徵加拿大的楓，和公司商標以絕妙的平衡重疊在一起。波音737MAX和787都有採用，但2024年初還有許多舊塗裝的飛機。

機身前方有大型深藍色WESTJET的公司名稱，駕駛艙後方有「Proudly（自豪地）」的文字和小小的加拿大國旗。

舊塗裝把公司識別色的深藍色和綠松石藍運用在公司名稱上，駕駛艙前方塗黑是1980年代常見的風格。小翼內側有公司網址、外側則是企業識別色，國旗配置在機身後段。

突然地變更塗裝
加拿大航空
Air Canada

現在的加拿大航空採用白色機身，深藍色尾翼上有著紅色商標，與美國的達美航空非常相似。就算是達美航空的員工，據說有時也會把遠方的加拿大航空，誤認為自家公司的飛機。

現在的塗裝於2017年發表。同一年是加拿大從英國獨立的150週年（以英屬北美法為基準），剛好也是加拿大航空創立80週年，根據官方表示，新設計的核心概念就是受到加拿大歷史所啟發。基本色調的白色和黑色象徵著自然豐饒的加拿大。黑色除了水平鋪在機身下方之外，也有使用在尾翼和發動機上。用圓圈圍繞加拿大國旗上的楓葉，被稱作「加航圓圈」的公司商標漆在尾翼和機身中央下方，也點綴在發動機整流罩內側。駕駛艙周圍鑲上黑框，被稱作「面罩設計」，這是以在加拿大的自然中飛翔的鳥為意象。

2024年初，除了有白、黑為基調的現行塗裝之外，還有在2004年登場，被飛機迷暱稱為「牙膏」的前一代塗裝飛機抵達成田機場。這款特徵是使用讓人聯想到結凍湖面的「冰霜綠」，顏色非常適合氣溫較低的北國加拿大，擁有其他公司所沒有的美感。不過1993～2003年使用的前兩代塗裝，白色機身、近乎黑色的深藍色尾翼以及紅色楓葉的設計，在概念上類似現在塗裝。繼續追溯下去，到1998年為止的

2004～2016年的正式塗裝。加入了珍珠白、淡淡的香檳金，以及薄冰一般的藍綠色塗裝非常美。尾翼的楓葉也使用了許多小點，營造出立體感。這個塗裝到了2024年也還是有部份飛機在使用。

1993～2003年的版本和現行塗裝使用的色系為類似概念，現在的設計可以說是一種返祖現象。

塗裝的重點

相較於加拿大國旗的三葉楓葉，加拿大航空使用的商標是被稱作「糖楓」的五葉品種。楓樹是加拿大的象徵性植物，還有楓葉金幣和楓糖漿等。

駕駛艙周圍鑲上黑框，給人精悍的感覺。公司名稱下以商標點綴得恰到好處，機身下方的黑色塗裝讓整體看起來更加幹練。

塗裝，就變成了白色機身和紅色線條，連企業識別色都在根本上有所差異。因應時代的變化突然改變或是改回企業識別色，也許就是加拿大航空的特色也說不一定。

另外，旗下的LCC加拿大胭脂航空，則是用白和紅的雙色系，公司企業識別調整成現代風格，繼承了1998年加拿大航空的設計概念。

DATA BOX

[所屬國家・區域]加拿大　[IATA/ICAO CODE]AC/ACA　[呼號]AIR CANADA　[主要使用飛機]B777、B787、737、A330、A319/A320/A321、A220　[主要據點機場]多倫多機場、蒙特婁機場、溫哥華機場等　[加盟聯盟]星空聯盟　[創立年]1937年

1964〜1993年的加拿大航空使用白色和紅色的雙色系，和之後的塗裝完全是不同概念。也有加上當時常見的窗沿飾線，當初只有沿著窗戶的一條線，1990年代初在下方又加了一條深紅色的飾線。

有段時期也有飛關西機場的加拿大胭脂航空，採用白色和紅色的雙色系。「Rouge」採用手寫字體，顏色比加拿大航空更深，是把到1993年為止的塗裝，進化成更具現代風格的設計。

尾翼設計是阿茲特克帝國戰士
墨西哥航空
Aeroméxico

於1934年創立，是墨西哥內最具有歷史的航空公司，2024年迎接創立100週年。過去還有一間也叫作墨西哥航空（Mexicana）的競爭對手，但是經營失敗後，墨西哥航空名符其實地成為代表墨西哥的航空公司。

2006年登場的現行塗裝，採用了白色的機身和深藍色的尾翼，在交界處加上水藍色作為補色。機身前方用紅色的波浪細線作為點綴，賦予時髦的印象。從1960年代開始，尾翼上揭示的商標是古代阿茲特克帝國的鷹勇士，雖然每次變更企業識別的時候，鷹勇士的設計也會有些許改變，但就跟日本航空的鶴丸一樣，鷹勇士已經成為墨西哥航空的象徵。

1990年以前的塗裝是在白色（有部份飛機是銀色）機身畫上橘色粗線，但是1990年以後，企業識別色變成深藍色，所以機身上也變成深藍色和橘色兩條飾線。不過，可能是拉丁國家特質的關係，當時的紅色飾線有時會比平常還要細等等，會不規則變化，比起現在，配色多少少也給人有一點隨便的感覺。1999年以後就沒有這種問題，機身塗裝也給人趨於穩定的印象。

塗裝的重點

公司名稱全部統一為大寫英文字母，「A」和「M」比其他文字再大一些些。後方小小地漆著墨西哥國旗，下方用波浪狀紅色飾線加以點綴。

深藍色的尾翼畫上古代阿茲特克帝國的「鷹勇士」。尾翼最上方為紅色，與白色的機身交界處加入水藍色作為補色。

1999年登場的塗裝，開始飛成田機場的時候就是這個裸機設計。另外，這也是1997年版本的小改款。

1990年代的塗裝是金屬的機身加上深藍色和橘色的粗線，機身前方寫上公司名稱。只是也有許多飛機沒有寫上公司名稱，當時對企業識別並沒有太嚴格的要求。

DATA BOX
[所屬國家・區域]墨西哥　[IATA/ICAO CODE]AM/AMX　[呼號]AEROMEXICO　[主要使用飛機]B787、B737　[主要據點機場]墨西哥城機場、蒂華納機場等　[加盟聯盟]天合聯盟　[創立年]1934年（以Aeronaves算起）

38

在全球展開的小包裹運輸航空部門
聯邦快遞
FedEx Express

　　與其說是航空公司，倒不如說「世界級小包裹運輸公司的航空部門」色彩更強烈的貨運航空公司。除了一些小改款不算之外，自1973年啟航以來，只變更過一次塗裝。企業識別色為紫色，現在的塗裝是在白色的機身上用紫色和橘色漆上「FedEx」，在機首部分寫著公司的座右銘：「The World On Time（準時快遞全球）」。將「Federal（聯邦）」省略成「Fed」，而「Express（快遞）」省略成「Ex」，也保留了舊公司名稱Federal Express的痕跡。

　　廣告看板字體「FedEx」下方雖然寫了小小的「Express」，但是到1998年為止，當時的塗裝都還有加入正式公司名稱Federal Express。小改款就是這個部分，基本的配色都和現行塗裝一樣。另外，還有在全美拓展航線，以短程客機飛航的合作航空公司──「FedEx Feeder」。

　　創業時期使用的小型噴射機Falcon，之後事業規模擴大引進波音727和道格拉斯DC-10、MD-11之前採用的是第一代塗裝，機身上半部塗滿紫色，作為補色加入了橘色的飾線。當時把紫色如此大膽地漆滿整身的大型飛機非常罕見，在機場非常顯眼，這個塗裝使用到1994年為止。

DATA BOX
[所屬國家・區域]美國　[IATA/ICAO CODE]FX/FDX　[呼號]FEDEX　[主要使用飛機]B777F、B767F、B757F、MD-11F、A300F　[主要據點機場]孟菲斯國際機場、關西機場、米蘭馬爾彭薩機場等　[加盟聯盟]無加盟　[創立年]1971年（以Federal Express算起）

塗裝的重點

駕駛艙後方有小小的文字列，這是員工小孩的名字。1973年啟航時寫上創辦人史密斯的女兒「溫蒂」的名字後，就成了傳統。

看得出來和現在的設計一樣，但這是小改款之前的版本。不同點在於公司名稱「FedEx」下方寫的是「Federal Ex-press」。

具有視覺衝擊的紫色機身。從創業時到1990年代可以看到（白色機身是於1994年登場），很常在成田機場看到這架飛機的身影。

39

商標保留了「飛虎航空」的痕跡
博立貨運航空
Polar Air Cargo

現在每天都會飛抵成田機場的博立貨運航空，是美國的貨運航空公司。母公司是同為貨運航空的亞特拉斯和國際物流公司DHL，所以現在的標準塗裝要加入DHL的商標。原創的塗裝已經消失了，其他全部都是DHL的塗裝。

最有趣的是尾翼以公司名稱頭文字「P」標誌點綴的過程。過去以波音747F運輸大重量貨物的飛虎航空，在1989年被FedEx吸收，留下來的人接受美國南方航空運輸等公司的協助，於1993年設立博立貨運航空。飛虎航空時代的尾翼上，有著被稱作「T圓圈」的知名標誌，把公司名稱頭文字的「T」換成「P」，就成了博立貨運航空的商標。在剛開始啟航的時候，航空無線電呼號用的還是會讓人聯想到飛虎航空的「POLAR TIGER」（現在則是POLAR）。

塗裝的重點

現在標準塗裝上的「P圓圈」已經不那麼顯眼了，但還是有像747-400F一樣在小翼上標誌的飛機。

到2020年為止，機身前方有「Polar」的商標，加上紅色和深藍色的裝飾線條，是非常時髦的原創塗裝。因為和亞特拉斯貨運航空簽了ACMI（飛機、組員、維修、保險）租賃契約，所以有的飛機漆上了亞特拉斯航空的塗裝，有的則沒有公司名稱。從這部分可以看出航空貨運公司對塗裝不太講究的特色。另一方面，常常可以看到的DHL全塗裝機，會在駕駛艙後面漆上小小的「P圓圈」標誌，努力地維持航空公司的痕跡。

❶單獨記載博立貨運航空公司名稱的最終版塗裝。只剩下最後一架飛機的時候，可以在成田機場看到許多專程來拍攝照片的飛機迷身影。 ❷啟航時的塗裝寫著「POLAR AIR CARGO」，簡潔易懂。 ❸由租賃公司GECAS和總部位於邁阿密的南方航空貨運公司合資誕生的博立貨運航空。1994年拍攝的波音747F尾翼上還有美國南方航空運輸的商標，機身則有博立貨運航空的名稱，兩者結合成混和塗裝。

DATA BOX
[**所屬國家・區域**]美國　[**IATA/ICAO CODE**]PO/PAC　[**呼號**]POLAR　[**主要使用飛機**]B777F、B747F、B767F　[**主要據點機場**]安克拉治國際機場、辛辛那提國際機場等　[**加盟聯盟**]無加盟　[**創立年**]1993年

在全世界展開服務的老牌運輸公司航空部門
UPS航空
UPS Airlines

以UPS的簡稱廣為大眾熟悉的United Parcel Service，是以小型貨物運輸為主的美國大型物流公司。在美國境內常常可以看到該公司的貨車，在日本也成為和雅瑪多運輸、佐川急便一樣令人熟悉的公司。企業識別的主視覺色是極度接近黑色的咖啡色、副視覺色則是金色（以前是黃色），貨車也是採用這兩個色調為基礎。

UPS於1929年創業，是相當具有歷史的企業，於1988年設立UPS航空，自己開始營運貨機。之前和競爭對手DHL合作運航貨機之外，還會包下其他貨運航空公司的飛機。

塗裝分成加入飾線的初代設計，和白色與咖啡色為基調的現行塗裝兩大種類。機體前方的標語有經過變更，算是不熟的人也不會發現的小改款。

從啟航開始過了30年以上，已經成長為擁有300架飛機的巨大貨運航空公司。除了美國境內之外，也在歐洲和亞洲各地設立據點的世界級貨運航空公司，每天都會飛成田和關西機場，是日本機場也很熟悉的存在。

塗裝的重點

飛機的塗裝不太考慮由上往下看的樣子，但如果飾線延伸到機身上方的話，尖端部分會長這樣。

現行塗裝的尾翼。公司商標在右下角放了小小的登錄商標「®」。飛機上有這個標誌算是相當稀有。

2003〜2014年的塗裝用兩行寫著標語「Worldwide Service Synchronizing the world of commerce」。尾翼的UPS商標有設計陰影，但因為商標是金色的，和機身後段黃色飾線的色調平衡感覺沒有現在的好。

1988年〜2003年期間，開始自己飛貨機的塗裝。沒有窗戶的貨機依舊漆上了直條飾線，在上方寫有公司名稱，尾翼上的商標設計也和現在不一樣。另外，波音747F的機身前方也還存在著粗體的公司名。

DATA BOX
[所屬國家・區域] 美國
[IATA/ICAO CODE] 5X/UPS [呼號] UPS [主要使用飛機] B747F、B767F、B757F、MD-11F、A300F
[主要據點機場] 路易維爾機場、安克拉治機場、邁阿密機場等 [加盟聯盟] 無加盟
[創立年] 1988年

41

顧客和塗裝都多種多樣
亞特拉斯航空
Atlas Air

1992年創業的美國航空公司，基本上是以貨物運輸為主力，但也有經營旅客包機的服務。擅長ACMI（飛機、組員、維修、保險）的濕租服務，也接受日本貨物航空、澳洲航空、亞馬遜、DHL、美國軍方等各方的顧客委託。因此除了自家公司的標準塗裝飛機之外，還有完全沒有公司名稱的純白塗裝機，以及只加入小小的委託企業或合作的航空公司名稱等等，有各式各樣的機體。舉例來說，漆上瑞士國際運輸集團——德訊（KUEHNE+NAGEL）的商標以及在成田機場有定期航班的地中海航運公司（MSC）塗裝的波音777F，就是由亞特拉斯航空承攬飛航。和民用航空公司不同，比起自家公司，更重視租賃或委託客戶的塗裝，算是一件非常有趣的事情。

塗裝的重點

用雙手和頭支撐天空的希臘神亞特拉斯。尾翼畫上了公司名稱由來的亞特拉斯。

關於自家公司的標準塗裝飛機，公司名稱全部用英文大寫，「A」比其他更大一些。「ALTAS」為深藍色、「AIR」則是黃色的企業識別色。以前版本「AIR」的部分，會用深藍框的反白文字來呈現。另外，尾翼上描繪的是在希臘神話登場的擎天神亞特拉斯的插畫。同為公司名稱由來的亞特拉斯用雙手和頭支撐著天空，尾翼上則是亞特拉斯支撐著地球的設計。

亞特拉斯航空的飛機會依照濕租或是委託客戶的不同，有固定的飛航路線和區域。舉例來說，以邁阿密為據點往返南美的波音747F，飛到成田機場的機率就極低。受限於飛航範圍的關係，當中也有很難拍攝到的飛機和塗裝。

❶少數的客機，2019年左右還存在以金色為基礎的塗裝。也有飛日本的包機，現在則變更成亞特拉斯航空的標準塗裝了。❷初代塗裝的「AIR」文字為白色挖空字體，是考慮到從遠方看只想凸顯「ATLAS」，公司名稱也是和現在不同的特殊字體。❸專門運送部分波音787機身和主翼的波音747LCF Dreamlifter，也是由亞特拉斯航空飛航。偶爾也會飛到日本中部國際機場。

DATA BOX
[所屬國家‧區域] 美國　**[IATA/ICAO CODE]** 5Y/GTI　**[呼號]** GIANT　**[主要使用飛機]** B747F、B777F、B767F、B747、B767　**[主要據點機場]** 安克拉治機場、辛辛那提機場、紐約JFK機場等　**[加盟聯盟]** 無加盟　**[創立年]** 1992年

熟悉的金色和紅色塗裝
卡利塔航空
Kalitta Air

卡利塔航空有定期飛往日本的航班，但以DHL的塗裝較多，本身也是美國歷史悠久的貨運航空公司。除了自家公司的基本塗裝機之外，也有只在白色機身上漆著公司商標，或是合作公司商標等許多不同的塗裝。在2024年初的時候，白色的機身揭示著公司商標，用金色和紅色的飾線從尾翼斜斜地延伸到機身後半段，為最新版本的塗裝。基本塗裝機不太會飛往日本，能在日本看到的卡利塔航空班機，上面大多是有飾線的舊塗裝。

公司名稱來自創業者康拉德·卡利塔（Conrad Kalitta），1967年創業的時候，是以康尼·卡利塔運輸服務的名稱飛行輕型的西斯納飛機。之後開始使用大型的噴射飛機後，再把公司名稱冠上自己的名字多少有點顧忌，所以更名為美國國際航空，以波音747和洛克希德L-1011營運。將許多退役的日本航空747改裝成貨機繼續飛航這件事情也廣為人知。有著中小規模貨物航空的特色，旗下飛機有許多不同的塗裝，但是金色和紅色的飾線則長年繼承下來。

雖然有段時期還展開過叫作「小鷹航空（Kitty Hawk）」的其他品牌，但在1990年代後半和卡利塔航空整合，以卡利塔的公司名稱再度復活。順帶一提，卡利塔的兄弟還有經營一間叫作Kalitta Charters的航空公司，採用紅豆色與淺灰色的塗裝。相較於卡利塔航空使用747F和777F等大型飛機，Kalitta Charters則以737F、727F、Falcon20等中小型飛機組成。

DATA BOX
[所屬國家·區域]美國　[IATA/ICAO CODE]K4/CKS　[呼號]CONNIE　[主要使用飛機]B747F、B777F　[主要據點機場]安克拉治機場、辛辛那提機場、紐約JFK機場等　[加盟聯盟]無加盟　[創立年]1967年（以康尼·卡利塔運輸服務算起）

波音747F的尾翼和機身後半段，加上紅色和金色飾線的現行塗裝。取消從1990年代保留至今的窗沿飾線，變成更加現代時髦的風格，公司名稱和商標也變得更為顯眼。

提到卡利塔航空的基本塗裝，最知名的應該就是紅色間夾著金色飾線的設計。以翅膀左右夾住公司名稱也是大家所熟悉的樣式。DC-8、DC-9、L-1011都有採用這個塗裝。

美國國際航空時代的L-1011。公司除了受委託飛航的飛機之外，大多是中古飛機，L-1011是拿前英國航空的飛機改裝而成的貨機。

這架747-400BCF加入了合作的貨物承攬業者「Pacific Air Cargo」商標，機身後方也有卡利塔航空的商標。

卡利塔的兄弟經營的Kalitta Charters旗下的道格拉斯DC-9F（已經退役）。公司使用紅褐色和淺灰色的塗裝，以底特律機場為中心，在美國中、東部展開服務。

在尾翼上隨風飄舞的英國國旗
英國航空
British Airways

現在的塗裝於1997年6月發表，由英國設計公司Newell & Sorrell擔任設計。駕駛艙後面畫了稱作「SPEED MARK」的緞帶，機身前的窗戶下方漆上公司名稱（空巴A380除外）。機身以稍加奶油色的白色為基底，下腹部塗上深藍色，整體以英國國旗為配色。尾翼畫上飄揚的英國米字旗，放大看的話可以發現利用小點陣來表現明暗。

配合這次引進新塗裝的時機，也以「四海一家（參照第156頁）」為名義，從世界各地設計師募集了28種尾翼設計。當時在成田機場也會有「昨天飛來的是波鶴」、「今天來的是切爾西玫瑰」等不同設計，令人期待當天會是什麼飛機。而超音速飛機協和號僅採用被稱作「查塔姆造船廠聯盟旗（Chatham Dockyard Union Flag）」的變形米字旗設計。

這個多樣化的尾翼設計，因為獨特性而斬獲人氣的同時，英國國內也有聲浪向王室反映「不知道是哪間航空公司的飛機」，造成社會輿論。結果讓協和號客機和一部分的飛機，統一成前面所說的「查塔姆造船廠聯盟旗」塗裝。

DATA BOX
[所屬國家‧區域] 英國　[IATA/ICAO CODE] BA/BAW　[呼號] SPEEDBIRD　[主要使用飛機] B777、B787、A380、A350、A320　[主要據點機場] 倫敦希斯洛機場、倫敦蓋特威克機場等　[加盟聯盟] 寰宇一家　[創立年] 1916年（以Aircraft Transport and Travel算起）

創立100週年紀念一舉登場
歷代四種復古塗裝飛機

英國航空於2019年時，從1939年舊稱BOAC（英國海外航空）的塗裝開始，推出一系列歷代復古塗裝飛機。至今為止雖然有航空公司推出期間限定的復古塗裝機，卻沒有湊齊歷代所有塗裝的前例。這個創立100週年紀念特別塗裝共有四種：BOAC（1974年為止）；BEA（英國歐洲航空）；BOAC與BEA合併後，在1974～1984年採用，通稱為「Negus」的塗裝；以及Landor Associates設計公司操刀的1984～1997年舊塗裝。原本不存在的747-400 BOAC塗裝機吸引了許多飛機迷，遺憾的是因為新冠肺炎疫情的影響，象徵英國航空的747-400退役了。

塗裝的重點

雖然不太顯眼，但是公司名稱後方有英國航空的徽章，天馬和獅子在兩側支撐住盾牌，造型相當有品味。徽章下方有該公司的座右銘「TO FLY TO SERVE」（直譯：為了飛行而服務）。這以前是畫在尾翼上。

近距離觀察尾翼，前側和後側的紅色、深藍色飾線是用無數的小點陣組成，中央處也有淺淺的黑點。這樣設計是為了從遠方眺望時，可以感覺國旗正在飄揚。

747-400的BOAC時期塗裝。

和BOAC合併前的BEA塗裝。

BOAC和BEA合併時引進的舊塗裝。

現行的前一代舊塗裝。

45

「設計先進國」法國傳統的三色旗
法國航空
Air France

　　法國航空長年使用被稱作「法式歐洲白」的白色機身，再加上國旗的紅、藍共三色系來構成尾翼塗裝。跟現在設計相仿的版本最初在1977年發表。在此之前的塗裝，到1970年代為止是當時普遍的深藍色窗沿飾線。波音707、727、747 Classic、Aerospatiale Caravelle，還有當時的最新機種空巴A300和超音速協和號客機，都採用這個塗裝在天空中翱翔。近年來的A320復古塗裝機，也使用了這個塗裝。

　　最近白色機身成為航空公司的主流，但是在1977年發表的時候，日本航空、泛美航空、聯合航空等大型航空公司，大都採用有窗沿飾線的塗裝。在飾線的全盛時期，法國航空公司只用白色塗滿整個機身，表現出身為設計先進國的風格。

　　這個「法式歐洲白」的配色，30年來都為眾人所熟悉，在2009年引進空巴A380時進行過小改款。尾翼的三色旗下方有往前流動的設計，粗細不同的深藍色線條從四條減少到三條。公司名稱後方也加了紅色鰭片般的設計作為點綴，這個標示和尾翼的飾線一樣在下方往前流動，採用上淺下深的漸層色，非常精緻。

　　另外，「AIR」和「FRANCE」之間本來應該要有空白，變成了「AIRFRANCE」一個單字，字體也稍微變細。基本的配色沒有改變，2017年引進波音787時，有大幅變更過公司商

2017～2019年的塗裝。雖然和現在幾乎相同，但是天合聯盟和海馬的標誌位置不同。

2017年為止的塗裝，公司商標比現在的還要小一點。如果沒有興趣的話，就算是航空界的人也很難發現的小改款。

塗裝的重點

現行的塗裝擴大了公司名稱，用漸層色描繪的紅色標誌作為點綴（照片是波音777）。

成為副商標的海馬，是法國航空前身之一的法國東方航空的標誌。1933年數間公司合併成法國航空，但是現在依舊將這個具有歷史意義的標誌畫在機身上。

標的尺寸，再於2019年引進A350時，有不仔細看就很難發現的小改款。就是將駕駛艙旁邊的天合聯盟商標和法國航空KLM集團商標移到機身後段，而以先前便有使用，被稱作「Hippocampe Ailé」的海馬標誌取代。低調且高雅的設計，是在2023年迎接創業90年，宣揚自家公司歷史的小改款。

DATA BOX
[所屬國家‧區域]法國　[IATA/ICAO CODE]AF/AFR　[呼號]AIRFRANS　[主要使用飛機]A350、A330、A318/A319/A320/A321、A220、B777、B787　[主要據點機場]巴黎夏爾‧戴高樂機場、巴黎奧利機場、馬賽機場等　[加盟聯盟]天合聯盟　[創立年]1933年

法國航空貨運的波音747F。「CARGO」的「O」內側採用象徵貨櫃的四角形設計。

從1977年開始長年使用的法式歐洲白塗裝，也繼承到現在塗裝的基本設計上，可以看出公司名稱商標、尾翼設計和現在不太一樣。

1992年對塗裝進行小改款時，在機身加的實驗塗裝。這個版本的銀色飾線在前後兩端斜斜往上削，實驗塗裝機747-400也有多次飛抵成田機場，結果卻沒有正式採用。

47

德國質實剛健風格的簡潔設計
漢莎航空
Lufthansa

　　漢莎航空尾翼上的標誌是非常有名的「鶴」，乃1918年漢莎航空前身之一的Deutsche Luft-Reederei時期所發想的圖案，以超過百年的傳統而自豪。不單只是尾翼，連駕駛艙下方都有鶴的標誌。公司名稱Lufthansa在德文中有「空中的漢莎同盟」之意。作為德國最具代表性的航空公司，長年君臨德國航空業界，但是對航空業界不熟悉的人來說，光看名稱也許不知道是哪個國家的公司也說不一定。

　　但以設計的角度來看，沒有加入國名的簡潔設計，也不失為是一個好的特徵。除了公司名稱之外，只有把航空聯盟的標誌、飛機名字、機種名稱小小地寫在機身前方，風格乾淨明瞭（登記號碼和國旗因為規定的關係，必須記載在機身上）。如果飛機裝有小翼，小翼的內、外側會低調地用深藍色的細圓框住鶴型商標。

　　像我這種對早一點的年代有點了解的人來說，原本用「黃色、白色、深藍」給人強烈印象的漢莎航空，現在的塗裝則是用深藍（和以前比起來色調更深，幾乎接近黑色）、白色兩種顏色作為基本配色。這是鶴型商標誕生第100年的2018年時做的改變。現行設計登場的時候，看不到象徵性的黃色讓我覺得有一點奇怪，但多看幾次之後就習慣了，甚至不可思議的覺得現在的設計更為時髦。雖然黃色的企業識別色從機身上消失，但仍然繼續使用在機場設施的標誌。

　　擔任設計的是德國平面設計師兼建築師費爾（Otto Firle，1989～1966），圈住鶴標的圓線變

1968～1989年使用的塗裝，是放在現代也通用的黃色鶴型商標和深藍色飾線。波音707、747Classic、空巴A300等都有採用過，但現在只有一台復古塗裝機747-8I使用這個設計。

自1989年登場以來，約持續使用30年的前一代塗裝。這一台也是在白色的機身上只放商標的簡單設計。好東西就一直用下去，也很有德國一貫的風格。

塗裝的重點

公司名稱的字體雖然是原創設計，但蠻類似於容易辨識的「Helvetica Black」字體。

同樣是鶴型標誌，但設計和JAL的鶴丸有很大的差異，給人直線飛行的印象。在深藍底色上用反白處理，沒有多餘裝飾這點也很有德國樸實的風格。

得比之前更細，更加高雅。據說這是為了顯示在智慧型手機等電子產品時，能夠被簡單地辨識出來，是款意識到數位時代的設計。以深藍色為基本色調讓形象變得更加銳利，也有強調機身美感的效果。漢莎航空擁有超大型客機空巴A380和波音747-8I、最新的雙發動機廣體客機A350和787還有小型飛機A320系列等多樣化的飛機，但是現行塗裝不管塗在哪一台飛機上，都不會感到奇怪，證明其設計優秀之處。另外還有一點很難看出來的是公司名的字體也比以前更細，應該是為了配合簡潔的塗裝設計所致。

漢莎航空有著德國風格十足的企業識別，2021年引進的貨機777F，在沒有時間施以正式塗裝的狀態下就正式啟航。但不是用全白的機身登場，而是寫上「我是天然美女（I'm a nature beauty）」的文字，也沒忘了詼諧的幽默感這點值得注意。

DATA BOX

[所屬國家‧區域]德國　[IATA/ICAO CODE]LH/DLH　[呼號]LUFTHANSA　[主要使用飛機]A380、A350、A340、A330、A319/A320/A321、B747、B787　[主要據點機場]法蘭克福機場、慕尼黑機場等　[加盟聯盟]星空聯盟　[創立年]1953年（戰後重建時）

就算來不及塗裝也不用純白的飛機。這一架是只寫上「I'm a nature beauty」的B777F，和完全純白的飛機不同，讓人興起拍攝的念頭。

儘管設計簡單，也沒忘了童趣。波音777F每架飛機上都用不同語言寫上招呼語。飛往成田機場的定期航班D-ALFF號機，就用日文寫上「你好日本」。

漆上1950年代復刻塗裝的空巴A321。當時還是西德時代，和現行塗裝有很大的不同。洛克希德星座式當初就以這個塗裝在空中飛翔。

繼承名門航空公司傳統的十字標誌
瑞士國際航空
Swiss International Air Lines

因為美國同時出現多起恐怖攻擊事件，航空需求銳減成為直接的導火線，使得以「SR」兩個英文字廣為人知的瑞士航空，在2001年面臨經營失敗的困境。由於代表國家的國旗航空公司倒閉是國家級的問題，很快地在隔年，原為瑞士航空子公司的十字航空就轉為母公司，以瑞士國際航空的名稱重新起步。兩個英文字「LX」的縮寫，便是從十字航空繼承而來。

瑞士國際航空起步時的塗裝，是在機身前方用高雅的字體標示「SWISS」的文字，後面用瑞士的四種官方語言：德語、法語、義大利語、羅曼什語，列出代表瑞士意涵的「schweiz」、「suisse」、「svizzera」、「svizra」。

2007年成為漢莎航空的子公司後，2011年小改款成為現在的樣子，在歐洲白的機身上，用較粗的廣告字體寫著「SWISS」，其他官方語言的公司名稱則消失了。尾翼只有瑞士國旗的十字標誌，發動機整流罩和機身都沒有畫多餘的東西，顏色也僅有紅、白兩色，真的非常簡潔，可以說是和最近的漢莎集團企業識別設計有逐漸靠攏的傾向。相較於漢莎航空的塗裝本來就喜歡不讓人感受到國籍和公司名稱，瑞士國際航空的塗裝則是就算對航空業界不熟的人，也能一眼看出是瑞士的航空公司。

現在有波音777會飛日本，過去飛成田線的空巴A340，在小翼上有紅底白十字的標誌。

塗裝的重點

尾翼有著簡單但同時又能象徵瑞士的十字標誌，倒閉的瑞士航空飛機尾翼也有同樣的設計。

DATA BOX
[**所屬國家・區域**]瑞士　[**IATA/ICAO CODE**]LX/SWR　[**呼號**]SWISS　[**主要使用飛機**]B777、A340、A330、A320/A321、A220　[**主要據點機場**]蘇黎世機場、日內瓦機場等　[**加盟聯盟**]星空聯盟　[**創立年**]2002年

瑞士國際航空起步時於2002～2011年使用的塗裝。除了廣告招牌字體以外，沒有太大的變更，當時公司名稱後面有用瑞士四個官方語言寫著國名。

瑞士航空倒閉前的塗裝。紅色尾翼加上白色十字的設計和現在一樣，但是公司名稱用的是小寫且較為柔和的字體。照片是從蘇黎世機場起飛的MD-11。

即便頻繁變更設計，紅、白的傳統不變
奧地利航空
Austrian Airlines

以維也納為據點的奧地利航空是漢莎集團的一員，長久以來都有直飛成田機場。雖然不會大幅改變塗裝使用的色系，但另一方面，也是會在短期間內變更企業識別的航空公司。現在的塗裝是2018年紀念啟航60週年時發表的設計，公司名稱「Austrian」變成廣告招牌風格的字體，尾翼有象徵奧地利國旗的紅、白、紅配色，中央用奧地利航空商標的箭矢標誌加以點綴。紅色的公司字體，是相當接近「Baskerville Roman」字體的原創設計。

前一代的塗裝以和子公司蒂羅林航空（Tyrolean Airways）合併為契機，於2015年發表。公司名稱前面加上「my」的文字，一樣是以奧地利國旗色為形象，加上陰影的箭頭也和現行塗裝一樣。發動機整流罩寫上了網址，機身下方和現在一樣漆上德文的招呼語「Servus」。

2003年登場的塗裝，由Landor Associates所設計，到了2024年春天時，只剩下一架飛機使用。在機身下方塗上天空藍的補色，公司商標

塗裝的重點

現行塗裝把公司名稱變成大型的廣告招牌字體，下面也有招呼語「Servus」。另一方面，商標的箭頭標誌從機身前方消失了。

的箭頭下方還用一個淺淺的影子箭矢作為點綴，是最大的特徵。雖然已經是兩代以前的塗裝，但依舊不顯老氣，對於不知道設計來龍去脈的人來說，甚至不知道哪一個是現行塗裝，哪一個才是過去的設計。

DATA BOX
[所屬國家·區域]奧地利　[IATA/ICAO CODE]OS/AUA
[呼號]AUSTRIAN　[主要使用飛機]B777、B787、B767、A320/A321、E195 [主要據點機場]維也納機場、茵斯布魯克機場、薩爾茨堡機場　[加盟聯盟]星空聯盟　[創立年]1957年

2015年登場，寫上「my Austrian」的設計現在也在使用中。機身後方用銀色小小地寫著漢莎集團的文字。發動機整流罩用曲線分成紅、白兩個色塊，也漆上了網址。尾翼的公司商標箭頭和現在一樣，只是尺寸小一點點而已。

2003年由Landor Associates公司設計的塗裝使用了天藍色的補色，發動機整流罩用了更淺一點的水藍色。和現在給人的印象有些微不同，2024年春天時，使用這個塗裝的波音777也曾飛抵成田機場。

現在塗裝雖然只有簡稱「Austrian」，但是到1995年為止，機身上還都有全名——「Austrian Airlines」。窗沿下的纖細飾線由前到後，從深藍色變成綠色，前後兩端採用漸層處理直至消失不見，在當時來說是非常精緻的設計。

走在「北歐設計」尖端的簡潔美感
芬蘭航空
Finnair

　　一流企業大都重視企業識別，對使用方式設下嚴格基準也不會太奇怪，不過普遍來說並不會向大眾公開其使用規範。但是芬蘭航空就直接在官方網站公開關於色系和字體的細節，進行官方攝影的時候，總公司也會傳達「色彩不要太過鮮豔」、「整體印象不要亂七八糟」等具體的指示。

　　現行塗裝於2010年變更。被稱作「芬蘭航空白」的基底顏色是「RGB：255/255/255、CMYK：0/0/0/0」的純白色；漆在機身上的「芬蘭航空藍」，則是由「RGB：12/2/67、CMYK：100/80/0/65」所組成的深藍色，直接將這個色號公開給一般大眾知道。機身塗裝設計簡單乾淨，純白的機身加上深藍色的極粗原創字體「FINNAIR」。發動機整流罩也是純白，尾翼上只有公司名稱頭文字的「F」，小翼內側只有用「F」的商標作為點綴。

　　芬蘭以所謂的「北歐設計」聞名全球，有以玻璃製品廣為人知的iittala和多彩且獨特配色為最大特徵的服飾品牌Marimekko等等。這些品牌也會在飛機內提供給用品給客人，或是作為特別塗裝。以合理、簡潔強調出自然美感的設計品味，可以說是芬蘭航空，也是芬蘭的設計特徵吧。

塗裝的重點

純白色的機身只有漆上公司名稱，尾翼和小翼以接近黑色的深藍色寫著公司商標的「F」，簡潔卻又有能感受到某種張力。

DATA BOX

[所屬國家・區域] 芬蘭　**[IATA/ICAO CODE]** AY/FIN　**[呼號]** FINNAIR　**[主要使用飛機]** A350、A330、A319/A320/A321、E190、ATR　**[主要據點機場]** 赫爾辛基機場　**[加盟聯盟]** 寰宇一家　**[創立年]** 1923年(以Aero O/Y算起)

2000年登場的塗裝是白色和藍色的雙色系。但是發動機整流罩的藍色和現在的深藍色不同，色調較為明亮。用藍底白描的「F」商標和象徵地球的曲線構成尾翼設計，很明顯能表現出芬蘭給人爽快、清涼的形象。

1968年登場的塗裝，在機身漆上水藍色的飾線，尾翼用芬蘭國旗作為點綴。傳承至現在的「F」商標，則小小地畫在駕駛艙下方。採用這個塗裝的道格拉斯DC-10-30ER，在當時已經在航行成田到歐洲最短、最快的航線。

世界現存最古老的航空公司
KLM荷蘭皇家航空
KLM Royal Dutch Airlines

機身一整片的藍色塗裝給人深刻印象的KLM荷蘭皇家航空，雖然一直使用藍色作為企業識別色，但在1972年才開始在機身上施以藍色塗裝。現在的版本是在2014年進行的小改款，暱稱為「垂鼻子」。機身上半部為藍色、下半部為白色，相較於兩者之間採用深藍色細直線作為分界線的舊型設計，由荷蘭知名設計師莫里斯（Hans Murris）經手的新塗裝，則是朝著機首向下的曲線。

公司名稱前的KLM，是荷蘭語「Koninklijke Luchtvaart Maatschappoj（皇家航空）」的縮寫。1962年擔任藝術總監的亨利翁（Henri Henrion，1914～1990）將荷蘭皇室紋章的十字與王冠圖案化成商標，這些年來多少有點變更，但現在也還在使用。

長年作為副標使用的「Royal Dutch Airlines」（Dutch意為荷蘭）比以前的設計更大，直接放在公司名稱KLM後面，駕駛艙後方有集團名稱「AIR FRANCE KLM」和天合聯盟的商標，這些是現在塗裝的變更細節。另外，「Royal Dutch Airlines」的字體也很有特色，英文大寫和小寫的字體，大小相差無幾，讓人感到親切。2015年之後新引進的波音777-300ER和787-9，都以這個「垂鼻子」設計登場。

塗裝的重點

機身後方寫著傳說的幽靈船名稱——「The Flying Dutchman（飛翔的荷蘭人）」。以前在飛行常客獎勵計劃上也使用過「飛翔的荷蘭人」的名稱，長年為公司的副標。

現行塗裝有朝著機首向下延伸的曲線。整體色調沒有改變，但是變成更加洗練的現代化塗裝。

DATA BOX

[所屬國家‧區域]荷蘭　**[IATA/ICAO CODE]**KL/KLM　**[呼號]**KLM　**[主要使用飛機]**B777、B787、B737、B747F、A330　**[主要據點機場]**阿姆斯特丹史基浦機場　**[加盟聯盟]**天合聯盟　**[創立年]**1919年

從1972年到2002年為止，30年間廣為大眾熟悉的就是這個塗裝，可以說是「藍色KLM飛機」的基礎。天藍色、白色以及被稱作「皇家藍」的深藍色，這三者有著巧妙的平衡，也非常適合747。

2002年和法國航空合併後，對塗裝進行小改款，把皇家藍的細線點綴在窗沿下方。「Royal Dutch Airlines」的文字縮小配置在商標下面。尾翼上繼續使用的「The Flying Dutchman」也變得比較小，賦予現代摩登感十足的印象。

三國共同經營成為代表北歐的翅膀
北歐航空
Scandinavian Airlines System

由北歐三國──瑞典、丹麥、挪威共同經營的北歐航空。2019年在維持舊有的藍色尾翼、珍珠白機身、銀色公司名稱下，進行「大幅度小改款」，將北歐古典風格的設計調整成現代風。機體不是純白色，而是接近灰色的色調，機身前方用銀色的廣告招牌風格字體寫著「SAS」三個英文字，發動機整流罩加上企業識別色的藍色直線，尾翼的藍色延伸到機身下方，賦予簡潔、現代的印象。新銳機種空巴A350就是以這個塗裝亮相。

駕駛艙附近和機身後方有瑞典（藍、黃）、挪威（紅、白、深藍）、丹麥（紅、白）三國國旗顏色組成的線條，是明顯特徵之一。公司名稱「Scandinavian」只寫在發動機整流罩上，刻意低調不過度強調自我，同時又兼具北歐風十足的高質感設計，是令人印象深刻的塗裝。

作為現行設計基礎的上一代塗裝，是於1998～2019年間採用，大約用了20年。身為星空聯盟五間創始公司之一的SAS，為了刷新印象而引進新的塗裝，由斯德哥爾摩設計實驗室（Stockholm Design Lab）擔任設計，在藍色的正方形內加入稍微傾斜的「SAS」，作為企業識別商標使用。

塗裝的重點

「SAS」商標的縱向線條較粗是極具特徵的字體。共同經營的三個國家的國旗色線條配置在後門前方，令人感受到北歐的美感。

因為光線或者角度不同，「SAS」的商標可能會看不清楚，為了彌補這點，因此在發動機用灰色寫上「Scandinavian」。

小改款前的塗裝。珍珠白的機身上用銀色描繪的公司名稱，會因為光線多寡而難以辨識這點和現行塗裝一樣，但這可能就是北歐設計的乾脆俐落吧。取而代之的是在發動機整流罩上使用活力十足的橘色，營造出強烈的對比。

1983年開始使用的塗裝，負責設計的是Landor Associates，使用三個國家的國旗色組成斜線令人印象深刻。1990年代的DC-10和767就曾以這個塗裝飛抵日本。照片是在1999年的時候拍攝，駕駛艙附近有星空聯盟的商標。

DATA BOX
[所屬國家‧區域]瑞典、丹麥、挪威　[IATA/ICAO CODE]SK/SAS　[呼號]SCANDINAVIAN　[主要使用飛機]A350、A330、A319/A320/A321、B737、CRJ、E190　[主要據點機場]哥本哈根機場、斯德哥爾摩阿蘭達機場、奧斯陸機場等　[加盟聯盟]星空聯盟　[創立年]1946年

義大利風格十足的高質感設計
義大利航空
ITA Airways

　　ITA AIRWAYS於2020年創立，是為了從經營不善的Alitalia-Italiana繼承義大利國旗航空公司的地位。2022年開始也有飛成田機場。

　　新的義大利航空登場的時候，一開始吸住眾人目光的就是塗裝。為了和其他公司有所區別，連細節處都極為堅持，具備足以讓飛機迷為之喝采的質感。機身全面採用金屬藍的塗裝，是其他航空公司前所未見的設計，可以說不愧是義大利才有的品味。金屬藍的機身前方用廣告招牌風格大大地寫著「ITA」三個文字，下方加上較為纖細的「AIRWAYS」，感覺就像是為了消除大眾長年以來熟悉的Alitalia印象，主張「現在由ITA代表義大利」。

　　尾翼後方是國營航空公司的一貫風格，使用義大利國旗色的綠色、白色、紅色。決定性的設計是尾翼和機身後方的花押字（將兩個以上的文字或記號組合而成的花樣），不僅可以增加設計的複雜性之外，還有依照光線角度和多寡而若隱若現的精緻感。

　　提出這種高品質設計案的是策畫過許多航空公司的企業識別，而在業界名聲響亮的Landor & Fitch（就是以前的Landor Associates）。這次的塗裝是為了和其他公司產生差異性，也讓使用者認知到是代表義大利最新的國旗航空公司。

　　原本的Alitalia-Italiana因新冠疫情的影響導致經營不善，ITA AIRWAYS繼承前者的步伐重新出發，雖然沒有寬裕的預算，卻不惜重金打造企業識別和設計。這個塗裝讓人感受到義大利

塗裝的重點

金屬藍的底色加上銀色的廣告看板字體。公司名稱分成兩行本來就是相當稀奇的事情。白色的小翼和發動機成為點綴，整流罩上讓人聯想到義大利國旗的標誌也很時尚。

尾翼上的飾線是義大利國旗色。另外，機身後方到尾翼有類似於日本家紋的花押字，刻意讓人看不清楚是義大利特有的高雅質感。

人對設計的堅持，引起極大的話題，在世界各地的機場都產生足夠的廣告效應。執筆本書的2024年初，有來不及漆上塗裝、白色機身上只有刊載公司名稱的空巴A350飛抵羽田機場，也有還是Alitalia-Italiana時代塗裝的A320在歐洲持續飛航，看來要統一塗裝還需要花點時間。

DATA BOX

[所屬國家・區域]義大利　[IATA/ICAO CODE]AZ/ITY　[呼號]ITARROW　[主要使用飛機]A350、A330、A319/A320/A321、A220　[主要據點機場]羅馬・菲烏米奇諾機場、米蘭・利納特機場等　[加盟聯盟]預計2026年加入星空聯盟　[創立年]2020年

畫在尾翼上的野雁是土耳其航空的象徵，即便反覆小改款也一直持續裝飾在尾翼上。

以伊斯坦堡為據點有著世界最大的路線網
土耳其航空
Turkish Airlines

代表土耳其的土耳其航空，在2023年迎來創立90週年，以伊斯坦堡為據點，並擁有自豪的世界最大路線網而廣為人知。雖然業績在近年來急速成長，但因為缺乏追溯塗裝變遷的官方資料，很難掌握其全貌。不過剛開始飛日本線的時候，是採用窗戶附近有好幾條紅色飾線的設計。

塗裝的設計理念是為了傳達土耳其的地理位置為連接歐洲和亞洲的橋梁，公司名稱用全部大寫的一長串文字「THY TURK HAVA YOLLARI-TURKISH AIRLINES」，老實說是不怎麼時髦的企業識別。尾翼上畫有野雁（野生的鵝），這是馬尼奧盧（Mesut Manioğlu，1927～2001）在1959年設計的圖案，一直不斷小改款傳承到現在。

這個塗裝在1990年代初期翻新，白色機身加上紅色尾翼，公司名稱變成只有英文，設計比較有現代感。土耳其這個國家和土耳其航空隨著發展，企業識別也慢慢地接近世界標準。不過機身後方是否有公司縮寫THY、公司名稱是否有加上「AIRLINES」等等，還沒有整體統一，給人這個時候對於企業識別的看法還正在發展的印象。

到了2000年的時候，機身後方用銀色畫上土耳其原產鬱金香的設計登場。2010年下訂的波音777-300ER在交機時換上了新的設計，原本尾翼上白圈紅雁的色調全部反轉，尺寸也擴大到超出尾翼。近年來土耳其航空的塗裝會維持基本的設計理念，反覆進行小改款。

2010年為止的塗裝，用兩行表示公司名稱。銀色的「AIRLINES」依照光線狀態可能會看不清楚，但光靠「TURKISH」就能辨識出是哪個國家的航空公司。

1993年在成田機場拍到的空巴A340。當時機身後方還沒有畫上銀色的鬱金香，但整體都和現行塗裝有同樣的設計概念。公司名稱是只有「TURKISH」的簡潔風格。

機身後方加上三文字縮寫「THY」的空巴A310，這個時候是否有加上商標設計和英文縮寫還沒有統一，每個飛機有不同的設計。

開始飛日本線的塗裝。窗戶的位置有五條飾線，設計和現在的塗裝相當不一樣。

DATA BOX

[所屬國家・區域]土耳其　[IATA/ICAO CODE]TK/THK　[呼號]TURKISH　[主要使用飛機]A350、A330、A319/A320/A321、B777、B787、B737　[主要據點機場]伊斯坦堡機場、安卡拉機場等　[加盟聯盟]星空聯盟　[創立年]1933年

國家戰略和塗裝都領先時代
LOT波蘭航空
LOT Polish Airlines

　　LOT波蘭航空的塗裝會讓人覺得跟著國家歷史一起變遷，也有定期航班從華沙飛往日本。順帶一提，三個英文字的縮寫和呼號「LOT」，是具有「波蘭的航空公司」意思的「Polskie Linie Lotnicze」最後一個單字──「Lotnicze」頭三個文字。LOT波蘭航空於1928年創業，是全世界最古老的航空公司之一。

　　持續使用到現在的飛鳥商標，於1929年啟航時就存在，是由波蘭的藝術家格羅諾夫斯基（Tadeusz Gronowski，1894～1990）所設計。乍看之下可能不覺得是鳥，但其實是飛鶴向前展翅的狀態，頭和細長的脖子都圖案化了。

　　波蘭位於西接德國、東鄰白羅斯和烏克蘭、北為俄羅斯的飛地，在地理上處於相對艱難的位置。冷戰時期受到蘇聯的強烈影響，蘇聯解體後以現實考量，LOT很快地就引進西方的飛機，同時捨去缺乏設計性的共產主義時代塗裝，變成西方諸國那種設計性較高的樣式。於1989年成為第一間啟航波音767的東歐航空公司，這個時期的塗裝採用白色機身和廣告看板風格的字體，對於當時東側的航空公司來說是非常嶄新的設計。之後也持續引進737和ATR等西方製的飛機，但另一方面有持續使用蘇聯製的飛機，伊留申IL-62、Tu-154等飛機也換上了廣告看板風格的塗裝。

　　1991年蘇聯解體的時候，馬上加速蘇聯製飛機的退役，到了1990年中期就已經全數換成西方製的飛機。雖然東方諸國加入NATO（北大西洋公約組織）的事情因為烏克蘭戰爭再度受

塗裝的重點

以廣告看板風格字體寫成的LOT三個英文，黏在一起是最大的特徵。關於之後的公司名稱，過去在右舷是用波蘭語，現在則是英文。

仔細觀察尾翼設計，可以看出細細的脖子和頭，以及向前展翅的翅膀等模仿飛鳥的圖形。

到矚目，但波蘭早在20幾年前的1999年就已經加入了。不管是國家戰略或是國旗航空公司的塗裝，可以說波蘭都有高瞻遠矚的決定。

DATA BOX

[所屬國家·區域]波蘭　[IATA/ICAO CODE]LO/LOT　[呼號]LOT　[主要使用飛機]B787、B737、E170/175/190/195　[主要據點機場]華沙機場、克拉科夫機場等　[加盟聯盟]星空聯盟　[創立年]1928年

❶1980年代包機飛名古屋機場（現在的縣營名古屋機場）的伊留申IL-62，從「LOT」的文字尾端繼續延伸成飾線是一大特徵。❷2009年拍攝的前一代塗裝，右舷用波蘭語寫著「POLISKIE LINIE LOTNICZE」的公司名稱。❸旗下的區域型航空「EURO LOT」是以紅色為基礎色調，和LOT完全不一樣。

拓展全球的巨大物流企業航空部門
DHL集團
DHL Group

　　世界級物流企業DHL設立於美國，但因資本關係變化，現在則變成德國企業，近年來在日本以中部機場為樞紐拓展勢力。順帶一提，DHL是用創業者三人的頭文字結合而成的公司名稱。

　　關於航空部門，相較於競爭對手UPS和Fedex自己旗下有運輸小型包裹的航空貨運，DHL採取的戰略特徵是主要與其他航空公司合作，或是出資占股的方式請他們飛DHL貨機。現在日本除了有直屬母公司的DHL UK之外，還有美國的博立貨運航空、卡利塔航空、香港華民航空、新加坡航空以及德國的邏輯航空等等，定期會有DHL的貨機飛抵日本。DHL在當中又占了邏輯航空、博立貨運航空、香港華民航空將近一半的股份，有著強大的影響力。這一頁的主要照片是DHL的波音777F。

❶卡利塔航空飛的波音777F，後方大約1/3漆上DHL的黃色，成為和DHL的混和塗裝。❷香港華民航空的空巴A300-600F降落在DHL位於日本的樞紐 —— 中部機場，到近年為止原本只有混和塗裝機，引進A330F的時候也推出了全塗裝的版本。❸博立貨運航空的波音747-400F。❹因為是貨物航空的關係，也不太堅持塗裝和飛航公司的名稱，這架飛機的駕駛艙後面只有小小地寫著博立貨運航空的名稱

塗裝的重點

如果不仔細確認全塗裝飛機的登錄號碼，大多很難判斷是哪間航空公司的飛機。

主要照片是DHL UK的飛機，所以沒有飛航的航空公司名稱，但大多數的全塗裝飛機都會在駕駛艙附近寫上公司名。

像這樣子專門替DHL運輸貨物的飛機，都會塗上DHL的塗裝，設計大致可以分為全部塗上黃色和1/3機身塗上黃色兩大種類。全塗裝飛機以黃色為基礎，用紅色描繪出DHL的商標和線條，在塗裝單調的貨機區域中非常顯眼。屬於DHL UK等直屬母公司的飛機，基本上都會是全塗裝版本，不過其他像是卡利塔航空、邏輯航空、博立貨運航空也都有全塗裝飛機，這些飛機在駕駛艙後面會小小地寫著公司名稱和商標，不仔細確認的話，也很難分辨出是哪家公司在飛航。

另外一個塗裝是在白色機身後方1/3部分漆上黃色的風格，新加坡航空和香港華民航空就用這個塗裝，機身前方會大大地寫上飛航的航空公司，後方則有DHL商標的混和塗裝。擁有全塗裝版本的博立貨運航空和卡利塔航空也引進了這個塗裝，除了前面所說的航空公司，DHL有合作或是出資佔股的航空公司也遍及亞洲、大洋洲、中美洲、中東、非洲各地，可以說在全世界各地都能看到DHL塗裝的貨機也不為過。

新加坡航空也有營運和DHL的混和塗裝機。從2023年開始飛日本，機型是波音777F。

邏輯航空的DHL全塗裝波音777F，因為是由漢莎航空和DHL共同出資的航空公司，只有DHL全塗裝飛機和邏輯航空自己的塗裝，並不像其他公司一樣有「1/3黃色塗裝機」。

還是美國企業時期的DHL塗裝。白色的機身漆上看起來像是咖啡色的紅豆色飾線，但因為競爭對手UPS的企業識別色是咖啡色，所以英文使用紅色標記。

從歐洲的小國振翅前往世界各地
盧森堡國際貨運航空
Cargolux

以歐洲小國盧森堡的貨物航空而聞名的盧森堡國際貨運航空，將盧森堡國旗色的紅色、白色、水藍色線條描繪在淺灰色的機身上。塗裝特徵是將有如箱子層層疊起的商標配置在尾翼上，在日本也很常見到。這個現行塗裝在2011年最新機種波音787-F交機時一起登場，因為盧森堡國際貨運航空是747-8F的啟始客戶之一。2020年為了紀念創立50週年，推出將「CARGO」的「GO」換成「50」，以「CAR50LUX」獨特設計登場的特別塗裝機。

盧森堡國際貨運航空於1985年開始飛日本，當時首航是福岡機場。之後變更為小松機場，作為航行世界一周的航線經過地點。另外也創立子公司——盧森堡國際貨運航空・義大利，也有定期飛成田機場，一開始是把塗裝中代表盧森堡國旗的水藍色變成代表義大利的綠色，但現在則是採用和盧森堡國際貨運航空一樣的設計，並在公司名稱下方加上綠色的「ITALIA」。

2011年為止的舊塗裝時代，曾省略過公司名稱，也有只在純白機身的尾翼上漆自家商標等等，對於企業識別沒有特別嚴格，這部分也散發出比起企業形象，更在乎實用性的貨運航空特色。

塗裝的重點

在紅色尾翼上，用反白的方式畫著貨運航空公司風格十足的箱子堆疊商標。

DATA BOX

[所屬國家・區域]盧森堡　[IATA/ICAO CODE]CV/CLX　[呼號]CARGOLUX　[主要使用飛機]B747F　[主要據點機場]盧森堡機場等　[加盟聯盟]無加盟　[創立年]1970年

盧森堡國際貨運航空・義大利的波音747-400F，現在的塗裝基本上和母公司一樣，只是追加了「ITALIA」的名稱。

2000年代的塗裝就已經接近現在的塗裝，不過尾翼為淺灰色，商標是紅色。機首有盧森堡的城鎮名稱、紋章及飛機名字。

機身上有飾線的1990年代塗裝。公司名稱的商標大小比現在更低調一點。

變更公司名稱更強調獨自文化
斐濟航空
Fiji Airways

斐濟航空於1951年開始商業運輸，1972年更名為太平洋航空，1998年開始也有飛日本的航線（2009年退出）。當初沒有經營長距離航線的實力，利用租借飛機等方式接受澳洲航空的支援，隨著公司成長，也慢慢試圖自立。

雖為小國的航空公司，卻有著雄心壯志，冠上「太平洋」之名。不過因為難以看出所屬國家，2013年把公司名稱再度改回斐濟航空，飛成田機場的航線也在2018年重新啟航。

藉著變更公司名稱的機會刷新企業識別，強調斐濟獨特的文化。機身塗裝的設計起用斐濟的女性藝術家馬特莫斯（Makereta Matemosi），再由總公司位於倫敦的FutureBrand擔任整體協調。將瑪格麗特製作的斐濟特色編織物的花紋漆在尾翼上，也運用在機上使用的靠枕和毯子。企業識別色是尾翼上也有使用的茶色，機組員的制服也是用茶色和翡翠綠搭配組合。

2013年交機的空巴A330，是換上斐濟航空新塗裝的第一台飛機。其後，和太平洋航空時代

塗裝的重點

「FIJI」的部分是以公司商標來看非常特別的雙重線條設計，採用獨具特徵的末端斜切字體。商標下面有小字「AIRWAYS」。

以南島的航空公司來說，非常特別的茶色企業識別色。尾翼設計讓人感受到濃厚的美拉尼西亞風。

截然不同，設計強調出南太平洋島國斐濟的國家特色，在世界各地飛行。

DATA BOX
[所屬國家・區域] 斐濟　[IATA/ICAO CODE] FJ/FJI　[呼號] FIJI　[主要使用飛機] A350、A330、B737　[主要據點機場] 楠迪機場等　[加盟聯盟] 寰宇一家（Connect成員）　[創立年] 1947年（以Katafaga Estates算起）

❶以前的公司名稱是太平洋航空。照片是這個公司名稱的最終塗裝，尾翼上可以看到FIJI的商標。這架波音747-400上的風景照，使用了轉印貼紙。❷太平洋航空時期飛成田機場的定期航班，機身採用四種彩虹色。

尾翼的袋鼠隨著時代改變姿態
澳洲航空
Qantas Airways

以紅色尾翼上的袋鼠商標為人所知的澳洲航空，至今為止雖然經過幾次小改款，但是在飛機迷之間也傳出過「不知道哪個才是新塗裝」的聲音。

澳洲航空創業於1920年，是擁有100年以上歷史的超名門航空公司，英文名稱「QANTAS」指的是「Queensland and Northern Territory Aerial

2007～2016年的設計，常常被說「袋鼠變得比以前瘦了」。腳尖變得更銳利，臀部和尾巴向上延伸增加了躍動感。發動機也加上小小的袋鼠商標。

1984～2007年的「ROO塗裝」，袋鼠的形狀比現在更寫實。雖然看不太清楚，但是機身後方的紅色和白色之間有金色飾線。

Services（昆士蘭省與北領地航空服務有限公司）」的縮寫。袋鼠的商標於1944年初登場，顧名思義當初是飛澳洲昆士蘭省和北領地的航空公司，但現在已經是代表澳洲的航空公司，除了國內之外，也將航線拓展到世界各地。

就算到了近年，也還是可以看到澳洲航空的舊塗裝。除了復古塗裝機之外，既身為公司的形象大使，自己也有飛行執照的演員約翰・屈伏塔，也曾經私人擁有過舊塗裝（1961～1971年）波音707。

1971年～1984年為止採用的是橘色和棕色的飾線，機身下方塗上淺銀色，以當時來說是非常標準的塗裝設計。此時的尾翼上，已經畫著大型袋鼠了。

1984年，白色機身的紅色尾翼上畫著白色袋鼠，被稱作「ROO塗裝」的樣式登場，為現行塗裝的原型。英文會用比較親暱的口語「ROO」來稱呼「Kangaroo（袋鼠）」，而「ROO塗裝」指的就是袋鼠塗裝。從尾翼延伸的紅色和白色機身之間有金色細線，前方用著柔和的大寫字體揭示著公司名稱，下面加入標語「The Australia Airlines」和「Spirit of Australia」。

在2007年小改款時，尾翼上的袋鼠給人的印

塗裝的重點

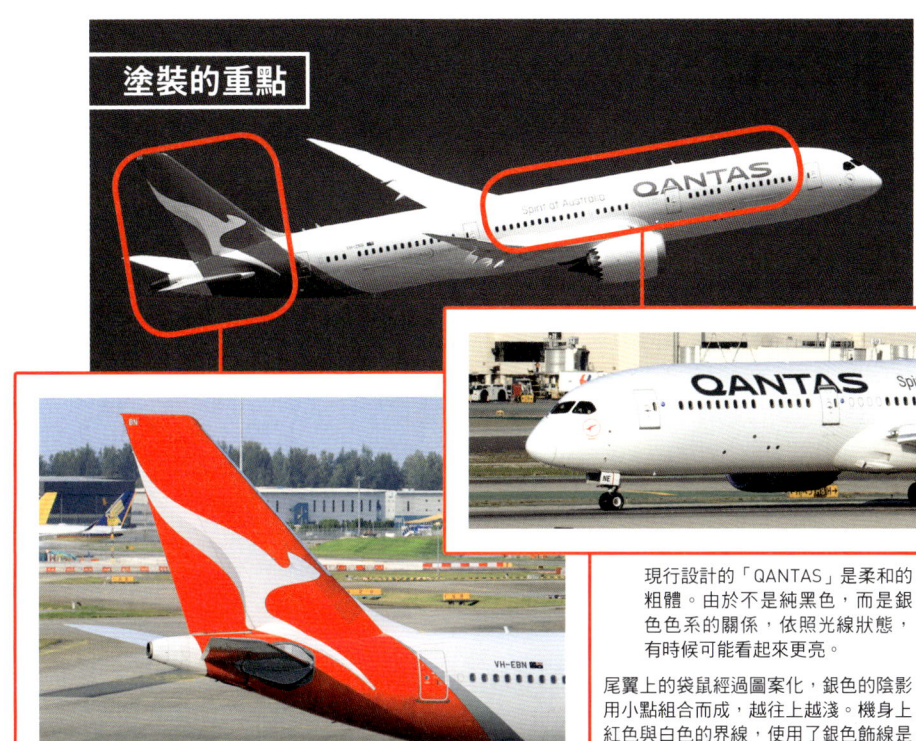

現行設計的「QANTAS」是柔和的粗體。由於不是純黑色，而是銀色色系的關係，依照光線狀態，有時候可能看起來更亮。

尾翼上的袋鼠經過圖案化，銀色的陰影用小點組合而成，越往上越淺。機身上紅色與白色的界線，使用了銀色飾線是塗裝重點之一。

象變得更加俐落、現代，公司名稱字體換成角度更斜的斜體，標語也只剩下「Spirit of Australia」。和以前的塗裝比起來，常常被說「袋鼠變瘦了」，也是分辨新舊塗裝的重點。

2016年登場的現行塗裝，是由總公司位於雪梨的設計公司Houston Group主導的小改款，主要配色為紅色、白色、黑色，並調整了所有使用的字體，著眼在用智慧型手機或是平板，也能清楚辨識出澳洲航空的品牌形象。尾翼上袋鼠的頭和腳變得更有設計感，省略掉手，還替

原本只用白色畫成的袋鼠用銀色加上陰影，看起來更為立體。機身後方的紅色與白色之間，也加入銀色的飾線。另一方面，公司名稱不再是斜體，字體也更加時髦，機身下方漆上公司名稱，跟上近年的潮流。

DATA BOX

[所屬國家‧區域]澳洲　[IATA/ICAO CODE]QF/QFA　[呼號]QANTAS　[主要使用飛機]A380、A330、A321、B787、B737　[主要據點機場]雪梨機場、墨爾本機場等　[加盟聯盟]寰宇一家　[創立年]1920年

1984年為止的塗裝有採用飾線。尾翼上的袋鼠還有用影子點綴，機身下方與發動機整流罩是當時流行的裸機設計，公司名稱也用紅色。

約翰‧屈伏塔私人擁有的前澳洲航空707，塗裝復刻了1961～1971年的設計，尾翼上有「V-JET」的文字，還有小小的袋鼠標誌。

將象徵國家的「橄欖球和銀蕨」漆在機身上
紐西蘭航空
Air New Zealand

　　從南半球的奧克蘭直飛，傍晚抵達成田機場的紐西蘭航空，飛機塗裝採用黑、白雙色系，以航空公司來說算是比較稀奇的類型。現行的塗裝於2012年登場，是由紐西蘭的設計公司「Designworks」操刀。

1996年開始使用被稱作「太平洋波浪（Pacific Wave）」的塗裝，已經有極高的完成度，非常有紐西蘭的風格。尾翼有著綠色和深藍色的漸層，主翼前方描繪上兩條波浪線，公司名稱中AIR的「A」、NEW的「N」、ZEALAND的「Z」比其他文字稍微大一點。

不知道是不是因為「太平洋波浪」的塗裝很花功夫，所以取消機身前方波浪線條的塗裝於2009年左右登場，感覺好像少了一點什麼。

　　關於機身塗裝，白色的機身從主翼後方到尾翼漆成黑色，並且描繪著象徵紐西蘭的植物——「銀蕨（蕨類植物）」。尾翼上的標誌也是將銀蕨的新芽「KORU（銀蕨心）」圖案化的設計，這個標誌從1970年代開始，就成為紐西蘭航空的象徵。另外，也有推出特殊塗裝機，象徵世界最強的橄欖球隊伍廣為人知的紐西蘭國家代表隊「黑衫軍（All Blacks）」，這架有時也會飛抵成田機場。最大的特徵是機身前方原本白色的部分，除了公司名稱、銀蕨、銀蕨心之外，都統一採用黑色。「黑色飛機」這點雖然和日本的星悅航空一樣，但是散發出來的氛圍卻有所差異。

　　公司名稱商標是由字體設計公司「Klim Type Foundry」製作，從紐西蘭航空的前身TEAL（Tasman Empire Airways Limited，塔斯曼帝國航空有限公司）時代開始用到2011年，紐西蘭航空重新研議公司名稱字體，開發出不退流行的高雅書寫體。全部採用大寫英文字、稍微有點傾斜，成為現在的公司名稱商標。雖然全部都是大寫，但仔細觀察可以發現首字「A」比之後的文字稍微大一些，並且向上突出。「AIR NEW ZEALAND」的公司名稱，以商標和機體塗裝的角度有一點過長，然而只要把頭

塗裝的重點

仔細看的話,會發現「AIR」的「A」比其他文字再往上突出一些。雖然公司名稱稍嫌過長,但利用這個點綴讓整體保有絕妙的平衡感。

機身後方描繪的是銀蕨,下方為白葉、上方為黑葉,有優異的設計感。
尾翼上的標誌是長久以來為紐西蘭航空象徵的「銀蕨心(KORU)」。

文字稍稍放大一些,便畫龍點睛,成功恰到好處取得平衡。公司名稱之後加上銀蕨心商標,在機場或是電子看板上也優秀地結合在一起,是款非常優異的設計。

在現行塗裝登場之前,長年使用的是大眾已經相當熟悉,以深藍色和被稱作「鴨綠色」的藍綠色當作紐西蘭航空的企業識別色。藍色象徵包圍紐西蘭的海洋,綠色則令人聯想到覆蓋國土的森林,巧妙地醞釀出紐西蘭為大自然豐饒的島國印象。但實際詢問紐西蘭人,會發現紐西蘭的代表色其實是「黑色」,政府機關的標誌和護照也都是黑色。不過本來到2009年為止,紐西蘭的護照都是「鴨綠色」,之後才傾全國之力改成橄欖球國家代表隊的顏色(All Blacks的黑色),紐西蘭航空也仿效處理。除了驚訝之外也不知道要說什麼了,從這則小故事也能看出國球橄欖球在紐西蘭有多受到愛戴。

DATA BOX

[所屬國家・區域]紐西蘭　[IATA/ICAO CODE]NZ/ANZ　[呼號]NEW ZEALAND　[主要使用飛機]B777、B787、A320/A321、DHC-8、ATR　[主要據點機場]奧克蘭機場、威靈頓機場等　[加盟聯盟]星空聯盟　[創立年]1940年(以塔斯曼帝國航空算起)

採用「ALL BLACKS塗裝」的波音787。其他如空巴A320、波音777也都有這個特別塗裝,很受歡迎。

40〜50歲以上的人最有印象的應該是這個塗裝,使用於1981〜1996年間,加入了1970〜1980年代流行的飾線。當時的企業識別色是深藍色和「鴨綠色」,尾翼上點綴著銀蕨心的商標。

65

亮麗的塗裝帶來樂園氛圍
喀里多尼亞航空
Aircalin

　　南太平洋的樂園 — 法屬新喀里多尼亞的航空公司，也有飛成田機場。1983年設立喀里多尼亞國際航空（Air Calédonie International），2000年開始以濕租空巴A310的方式飛日本。當時的塗裝是白色機身加上公司名稱，然後只在尾翼和發動機畫上朱槿的簡潔設計。應該很多人沒辦法從公司名稱「Aircalin」，判斷出所屬國家（地區）吧。

　　之後飛機從A310換成比較大的A330。初期的A330和A310使用同樣的塗裝，不過2012年左右，法語標示「Nouvelle-Calédonie」和愛心標誌同時出現，讓人更容易辨識出是來自新喀里多尼亞的航空公司。

　　現在的企業識別於2014年時引進。新喀里多尼亞的行銷公司White Rabbit擔任設計，機身後面一半塗上讓人聯想到新喀里多尼亞藍天大海的鮮豔藍色，並且用當地原住民的傳統花紋作為點綴；粗體廣告看板字體非常顯眼，尾翼和公司名稱前方配置了朱槿圖案，醞釀出熱帶風情。相較於以前的簡潔塗裝，鮮豔的設計在機場內也帶來足夠的震撼，可以說是光看機身就能讓人聯想到新喀里多尼亞的優秀塗裝。

塗裝的重點

用粗體描繪的公司名稱，前方有朱槿的插畫增添色彩。

以前的塗裝也曾在尾翼畫上橘色的朱槿。背景是新喀里多尼亞的傳統花紋，前方用法文寫著新喀里多尼亞。

DATA BOX
[所屬國家‧區域] 法屬新喀里多尼亞　**[IATA/ICAO CODE]** SB/ACI　**[呼號]** AIRCALIN　**[主要使用飛機]** A330、A320、DHC-6　**[主要據點機場]** 奴美阿機場等　**[加盟聯盟]** 無加盟　**[創立年]** 1983年（以喀里多尼亞國際航空算起）

2012年左右登場的塗裝有畫上愛心標誌，因為以「最接近天國之島」而聞名的新喀里多尼亞有心型的紅樹林。

以空巴A310開始飛日本時期的塗裝，機身上有藍色公司名稱，只在發動機和尾翼上描繪著朱槿的簡潔設計。

以玻里尼西亞的湛藍大海為設計意象
大溪地航空
Air Tahiti Nui

構成機身塗裝基調的藍色和水藍色，象徵著大溪地的美麗海洋、潟湖及天空，尾翼上畫著同為公司商標的大溪地梔子花，周圍的圓形則是象徵波紋。全部大寫的公司名稱字體非常獨特，機身上下藍白的交界處採用波浪處理，點綴用的紅色細線也象徵國旗的顏色。

還是飛A340時代的塗裝設計和現在比起來更為精簡，現行塗裝是在2018年和最新機種波音787交機時一起推出的設計。和之前相比，機身的藍色更深，機身後方波紋的部分加上玻里尼西亞的刺青花紋，變得更加有玻里尼西亞風格。擔任這個塗裝設計的是總部設在美國西雅圖，波音公司也常常合作的TEAGUE公司。大溪地所使用的花紋也運用在機內的座墊和靠枕上。

大溪地航空從A340時代開始，就對每架飛機命名。現在的787會在駕駛艙後方寫上「Bora Bora」、「Fakarava」、「Tupaia」、「Tetoaroa」等大溪地的島嶼名稱。而且這四架787的登錄編號，在代表隸屬於大溪地的F-O之後，還會加入大溪地的單字，分別為MUA（前進）、NUI（大）、TOA（勇猛）以及VAA（大溪地的獨木舟）。

塗裝的重點

駕駛艙的後方有飛機名字（本機為BORA BORA）和大溪地的旗幟，改變字體後的公司名稱大大地畫在L1艙門上。兩條紅色波浪線象徵著大溪地的國旗顏色。

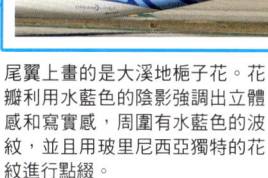

尾翼上畫的是大溪地梔子花。花瓣利用水藍色的陰影強調出立體感和寫實感，周圍有水藍色的波紋，並且用玻里尼西亞獨特的花紋進行點綴。

DATA BOX
[所屬國家·區域]法屬玻里尼西亞　[IATA/ICAO CODE]TN/THT　[呼號]TAHITI AIRLINES　[主要使用飛機]B787　[主要據點機場]法阿國際機場等　[加盟聯盟]無加盟　[創立年]1996年

使用大溪地航空最初塗裝的空巴A340，和波音787使用的現行塗裝比起來，公司名稱字體比較粗、設計也比較單純，但不管是當時還是現在，都給人南國的氛圍。

67

回顧「澳洲之星」的歷代塗裝
捷星集團
Jetstar Group

　　2004年從澳洲國內線開始營運的LCC捷星航空。銀色的機身加上橘色的企業識別色，不斷地反覆小改款，並且持續發展。引進空巴A330之後也開始營運日本在內的中距離國際航線，並打入鄰國紐西蘭的市場。之後還設立了以新加坡為據點的捷星亞洲航空、以日本為據點的捷星日本，以及現在已經停止營運、以越南為據點的捷星太平洋航空等多家航空集團。只不過除了捷星太平洋航空以外，其他航空公司基本上都採用和澳洲本國一樣的企業識別。最新塗裝在2022年空巴將A321LR交給捷星航空日本（第17頁）時一同推出，這邊就來回顧啟航時到現在的歷代塗裝演變。

DATA BOX
[所屬國家‧區域]澳洲　[IATA/ICAO CODE]JQ/JST　[呼號]JETSTAR　[主要使用飛機]B787、A320/A321　[主要據點機場]布里斯本機場、黃金海岸機場、墨爾本機場等　[加盟聯盟]無加盟(寰宇一家合作)　[創立年]2003年
※資料來自於捷星航空

捷星航空第一代正式塗裝，銀色的機身和橘色與現在一樣，但是機身上半部的網址比較低調一點。

2008年左右，網址變成黑、橘、灰三種顏色組合而成的廣告看板字體。

可能是因為三色的廣告看板字體難以辨識的關係，2011年將網址全部換成黑色，但是並沒有發表換新塗裝的新聞。

澳洲航空接管航線後，也接管了原本澳洲航空的A330，在白色的機身上有著捷星航空的設計。

在2008〜2020年間營運，越南的捷星太平洋航空的最終塗裝。尾翼上的「JET」文字較淺是一大特徵。

隨著營業狀態大膽改變塗裝
維珍澳洲航空
Virgin Australia

維珍澳洲航空於2023年開始飛羽田機場。創業初期是以維珍藍（Virgin Blue）為公司名稱的LCC航空，2011年轉換成傳統的全服務航空，公司名稱也變成維珍澳洲航空。

LCC時代的正紅色塗裝在機場鶴立雞群，變成全服務航空後，也大膽地將形象改變成高雅沉穩的設計。在白色的機身上用銀色寫著公司名稱，尾翼上用維珍集團的紅色商標加以點綴，成為質感十足的企業識別。

由於機隊規模較大，塗裝變更需要花上數年的時間，2015年官方宣佈全機的塗裝已經變更完畢，不過之後因為經營困難和新冠肺炎疫情的影響，不得不縮小事業規模。以國際航線為目的投入的廣體客機空巴A330和波音777-300ER，在2020年全部還給濕租公司，機隊只剩下小型的波音737。在執筆本書的時間點，即便是長程橫越太平洋的長距離航線，也還是用波音737MAX飛日本線（羽田～凱恩斯）。

每架飛機會用海灘或是海灣的名字來命名，

塗裝的重點

已超出尾翼範圍的尺寸，描繪著維珍集團的商標。紅色的文字加上銀色的陰影具有立體感。

維珍集團旗下的飛機都會在駕駛艙下方畫著「飛翔女神」，和維珍藍時代的牛仔帽有著很大的差異。底下的文字是飛機名稱。

也是為了宣傳澳洲作為單一大陸國家，有著廣大海岸線的觀光資源。

DATA BOX
[所屬國家‧區域] 澳洲　[IATA/ICAO CODE] VA/VOZ　[呼號] VELOCITY　[主要使用飛機] B737、A320、F100　[主要據點機場] 布里斯本機場、墨爾本機場、雪梨機場等　[加盟聯盟] 無加盟　[創立年] 2000年（以維珍藍算起）

退役的空巴A330。公司名稱全部都是小寫，纖細圓形的字體給人柔和的印象，因為是稍微深一點的銀色，雖然字體纖細，但卻有著較高的辨識度。

在尾翼上閃耀著象徵猶太民族的「大衛之星」
以色列航空
El Al Israel Airlines

　　白色的機身和尾翼上有海軍藍和銀色斜線的現行塗裝，於1999年登場。上下有藍色的飾線，特徵是中間配置著象徵猶太教和猶太民族的「大衛之星」，將以色列國旗作為設計概念。機身和尾翼的藍色線條，在引進波音787之後利用漸層設計，看起來更加明亮，讓尾翼更具立體感。順帶一提，以色列航空以前的塗裝，是在白色的機身畫上海軍藍和綠松色組合而成的線條，尾翼上方配有以色列國旗。

　　擔心因巴勒斯坦等問題的戰亂紛爭，以色列航空飛機會成為恐怖攻擊的對象，不管是以前還是現在，每當以色列飛機要出發時，在歐洲機場都會時不時地看到裝甲車，而美國機場則會有警車護送的森嚴場面。駐機時則會有帶著機關槍的士兵警戒，就算在成田機場，保全人數也會比較多、強化周遭安全。到1990年代為止，還有只寫著「CARGO」，但隱藏公司名稱的波音747F貨機在飛行。

塗裝的重點

看到尾翼上的「大衛之星」，就算沒有看到國家名，也能知道是以色列的飛機。

英文和希伯來文混搭的公司名稱。用都市名稱來命名飛機，波音787有「Eilat」、「Rehovot」、「Bat Yam」等以色列地名。

▶ DATA BOX
[所屬國家・區域] 以色列　[IATA/ICAO CODE] LY/ELY　[呼號] ELAL　[主要使用飛機] B777、B787、B737　[主要據點機場] 班・古里安機場、奧華特機場等　[加盟聯盟] 無加盟　[創立年] 1948年（以維珍藍算起）

深藍色和較深的水藍色巧妙組合而成的舊塗裝，尾翼上方有以色列國旗的設計，發動機上也點綴著斜線。

1993年拍攝到的以色列航空貨機。知道的人看了就知道，這是因為反恐對策而刻意沒寫上公司名稱。

波音747和767過去曾將銀色的公司名稱變成金色，現在的787也有同樣的特別塗裝機。

牽引中東航空業的大型企業
阿聯酋航空
Emirates Air Line

阿拉伯聯合大公國（UAE）的阿聯酋航空於1985年創立，以空巴A380飛成田機場，為中東地區的代表性航空公司。當初不過是只有空巴A310和波音727的小規模航空公司，創業初期的塗裝是在尾翼上用UAE國旗的紅色、綠色、黑色作為點綴，「Emirates」的字體比較小，發動機整流罩上配置著商標。這個基本的設計概念，也繼承到現行塗裝上。

公司名稱字體在2005年變成廣告看板風格，下方追加網址。這時的阿聯酋航空陸續引進波音777、空巴A340、A380等大型飛機，並因為杜拜機場完工等原因急遽成長，以擁有壓倒性數量的A380飛機而廣為人知。之後進行過小改款，機身下方也採用漆上公司名稱等近年流行的設計。

2023年也進行過小改款，公司名稱變得更大（官方公布擴大32.5％），另一方面，取消公司名稱下方的網址。變化最大的是尾翼的UAE國旗，採用了阿拉伯書法的手法，重新變成更時髦的設計。具體上是利用漸層的方式讓國旗色產生明暗差異，讓國旗變得更具有躍動感。細節處是在A380的翼面擋流板外側加上紅色商標，內側描繪上和尾翼一樣的旗幟。新塗裝機的數量還很少，這一頁刊載的A380後方施有特殊塗裝。

塗裝的重點

2023年登場的新塗裝，尾翼的設計變得更顯眼，給人國旗飄揚的印象。

廣告看板風格的字體變得更大，省略了網址。

DATA BOX
[所屬國家・區域]阿拉伯聯合大公國　[IATA/ICAO CODE]EK/UAE　[呼號]EMIRATES　[主要使用飛機]A380、A350、B777、B787　[主要據點機場]杜拜機場等　[加盟聯盟]無加盟　[創立年]1985年

❶2005～2023年的塗裝。尾翼設計和初代幾乎沒有改變，但公司名稱變成了廣告看板風格字體，窗戶下方寫著網址。❷1992年在新加坡拍到的空巴A310初代塗裝。尾翼的UAE國旗除了稍微變直一點之外，幾乎沒有改變，公司名稱比較小，在當時是幾乎沒什麼存在感的航空公司。

71

尾翼自創業以來就持續裝飾著劍羚

卡達航空
Qatar Airways

塗裝的重點

尾翼上畫的動物是被卡達指定為國獸的阿拉伯劍羚。背景的灰色條紋營造出向後流動的感覺，粗細變化是一大特徵。

　　卡達航空也是所謂的「中東三大家」其中一間航空公司，也有許多空巴A380和波音777等廣體客機。以新的杜哈國際機場為樞紐，聚集了從世界各地來的轉乘乘客，但是在1994年啟航當時，只不過是一間用中古飛機營運的小型航空公司。

　　初代塗裝採用了卡達國旗色的勃根地紅（酒紅色）飾線，727上有兩條，引進的中古機（前ANA的747SR）則是漆上一條。同樣漆滿勃根地紅的尾翼上，用白描的方式畫上劍羚的標誌。使用勃根地紅作為機身塗裝的航空公司很少見。這個劍羚的商標一直沿用到現行塗裝。

　　這個塗裝在啟航之後的短短三年，也就是1997年就進行變更。機身上半部變成淺灰色、下半部漆上白色，淺灰色的尾翼上用勃根地紅畫著劍羚商標。從照片上看得出來，劍羚的背景有圓形條紋作為點綴。2005年開始用A330飛關西機場，首航日本的時候就是這個塗裝。

　　卡達航空之後也急速成長，機隊持續擴大，2006年推出現在這種廣告看板風格字體的塗裝。機身的顏色和以前沒有差異，公司名稱變大，尾翼上的劍羚尺寸也變得更加顯眼。當中又以A380尾翼上的劍羚看起來最巨大。

DATA BOX

[**所屬國家·區域**]卡達　[**IATA/ICAO CODE**]QR/QTR　[**呼號**]QATARI　[**主要使用飛機**]A380、A350、A330、A320/A321、B777、B787　[**主要據點機場**]杜哈機場等　[**加盟聯盟**]寰宇一家　[**創立年**]1993年

現在看舊塗裝，感覺少了一點什麼。雖然灰色給人低調的感覺，但採用這個色系的航空公司比較少，以設計上來說也有原創性。

啟航當時的塗裝，設計概念和現在雖然不一樣，但尾翼上的劍羚設計沒有改變。

採用25週年紀念復古塗裝的波音777，復刻了727時代兩條飾線的設計。

複雜且美麗的設計讓中東風格大放異彩
阿提哈德航空
Etihad Airways

塗裝的重點

阿提哈德航空於2003年啟航，為阿拉伯聯合大公國（UAE）之一的阿布達比航空的公司。現行塗裝是在2014年接收巨無霸飛機A380時發表，結構乍看之下非常複雜，但應該也有不少人覺得具有中東感十足的帥氣。這個設計被稱作「寶石刻面（Facet）」，「刻面」指的是近距離觀察寶石的時候，複雜的切割表面在不同角度的光線折射下，閃耀光芒的樣子。從機身後方到尾翼有如無數的刻面散發著光輝，跳脫至今為止機身塗裝的常識。

擔任設計的是操刀過全世界多家航空公司設計的Landor Associates。機身全部包覆著加入珍珠白的亮金色，上翼附近、機身頂部和機身下半部開始交錯使用灰色、土黃色、棕色、深褐色、白色等共六種顏色。藉此表現出阿布達比的城市色彩，也象徵在沙漠建起摩天大樓的印象。這個複雜的配色，在塗裝的時候一定耗時費工，所費不貲。

用阿拉伯語和英語組成的公司名稱也相當有特色。字體採用圓潤的風格，字母頂端的部分會改變粗度，有著微妙的強調效果。H和A重疊、A和D之間刻意保留縫隙等小細節的變化，成為原創性十足的設計。

放大觀察尾翼的「寶石刻面」塗裝設計，可以發現使用了伊斯蘭世界的建築物、食器的幾何模樣。「寶石刻面」的設計和獨特的色彩運用，充分展現出中東風格。

飛機為了驗證碳中和，採用了被稱作「Green Liner」的特別塗裝。全機採用綠色的設計非常美麗。

2003年啟航時的塗裝設計。機身比起現行版，是更淺一點的珍珠白，尾翼上方有阿拉伯聯合大公國的國旗色，中央有獵鷹的標誌。在日本飛機迷當中也有著「假面騎士JOKER」的暱稱。

DATA BOX
[所屬國家・區域] 阿拉伯聯合大公國　[IATA/ICAO CODE] EY/ETD　[呼號] ETIHAD　[主要使用飛機] A380、A350、A320/A321、B777、B787　[主要據點機場] 阿布達比機場　[加盟聯盟] 阿提哈德航空夥伴　[創立年] 2003年

機身大大地描繪著天空之神荷魯斯
埃及航空
EgyptAir

　埃及是以金字塔和史芬克斯等流傳到現代的古文明而知名的觀光國家。也有定期航班飛成田機場，在1971年從阿拉伯聯合航空公司（United Arab Airlines）改成現在的公司名稱，但是沒有留下豐富的舊資料，能夠確認的只有1970年代後期開始飛日本之後的塗裝。白色的機身加上棕色和金色的飾線，令人聯想到沙漠國家的褐色印象，如同冰上曲棍球的球桿一樣向尾翼上方延伸的飾線被稱作「曲棍球桿風格」。裝飾在尾翼上的是於埃及神話中登場，隼頭人身、雙眼是太陽及月亮的天空之神荷魯斯。

　1990年代後期更新企業識別，配色也從讓人聯想到沙漠的印象，大幅改成用清爽的藍色作為基調。設計也捨棄1980年代的飾線，變成當時流行的白色機身，發動機和尾翼漆上藍色。雖然官方資料沒有明說，但應該是象徵著埃及自豪的尼羅河支流：白尼羅河和藍尼羅河。

塗裝的重點

描繪在機身前方的荷魯斯，仔細觀察可以發現是用深藍色到水藍色共五種藍色來表現。尾翼的荷魯斯採用色調反轉的設計，但依舊使用了五種藍色。

　採用廣告看板字體並沿用至今的新企業識別，於2008年發表。不僅尾翼，描繪在機身前方的荷魯斯也變成藍色的大型設計，整體進化成非常時尚的感覺。

DATA BOX

[所屬國家・區域]埃及　[IATA/ICAO CODE]MS/MSR　[呼號]EGYPTAIR　[主要使用飛機]B777、B787、B737、A330、A320/A321、A220　[主要據點機場]開羅機場、盧克索機場等　[加盟聯盟]星空聯盟　[創立年]1932年(以Misr Airwork算起)

舊塗裝的公司名稱和現在比起來比較低調一點，公司名稱用「EGYPT AIR」兩個單字。同樣用紅色的阿拉伯語寫著公司名稱，荷魯斯的商標則是用金色描繪在尾翼和發動機上。

兩代以前的塗裝，當時也用波音747-300飛成田機場。照片是1990年於成田機場拍攝，紅褐色和金色飾線是特徵之一。

非洲首屈一指的資深航空
衣索比亞航空
Ethiopian Airlines

以非洲大陸北部的樞紐機場——阿迪斯阿貝巴為據點持續成長的衣索比亞航空，也有以波音787和空巴A350飛日本的定期航班。雖然非洲地區給人貧困的印象，但衣索比亞航空不但有充實的整備設施，也擁有可以接受委託、保養其他公司飛機的技術力，這樣也能解釋為什麼可以執飛787和A350等最新式的廣體飛機。衣索比亞航空歷史悠久，於1946年啟航，除了非洲國內之外，也很早就開設歐洲航線。

觀察1970～1980年代的塗裝，當時就有非常精緻細膩的設計。和現行塗裝一樣是以衣索比亞國旗色的紅、黃、綠三色為基礎，黃底飾線中央為綠色細線，最後在上下兩端用紅色細線作為邊框構成細膩設計。當時並不像現在一樣有在機身上貼膜的技術，所以全部都是貼上遮蔽膠帶後仔細上漆，一想到這點，就相當佩服所耗費的工夫。這個塗裝使用在道格拉斯DC-3、波音707、還有當時最新的767等機種。

而現在的塗裝又將這個設計發展得更為現代時髦。於2003年左右改款，是只在白色機身上用紅色廣告看板字體寫著「Ethiopian」的簡潔

塗裝的重點

機首部分在舊塗裝的時代有獅子圖案。獅子是衣索比亞人的驕傲，以前的國旗上也有畫著獅子。

點綴在尾翼上的是衣索比亞的國旗色。象徵著「大地（綠）」、「自然的富饒、和平、愛（黃）」、「愛國者的血和信仰（紅）」。

設計。另外，機身後方像是符號的文字，是衣索比亞的第一官方語言——安哈拉語的衣索比亞文。

DATA BOX
[所屬國家·區域]衣索比亞　[IATA/ICAO CODE]ET/ETH
[呼號]ETHIOPIAN　[主要使用飛機]B777、B787、B737、A350　[主要據點機場]阿迪斯阿貝巴機場、盧薩卡機場、洛美機場等　[加盟聯盟]星空聯盟　[創立年]1945年

前一代的塗裝在駕駛艙後方的閃電圖案上畫著獅子，尾翼上的三個顏色各自區分出四塊區域，有著複雜的設計。

成長為臺灣代表性的大型航空公司
長榮航空
EVA Airways

　　臺灣第一間以民間資本設立的航空公司，母公司是世界級大型海運公司長榮集團。1991年以波音767啟航，當時美國已經有一間貨運航空公司叫作長青國際航空（Evergreen International Airlines），為了避免搞混，才將公司名稱訂為EVA Airways（品牌名稱為EVA AIR）。

　　企業識別色就如同公司名稱一樣為綠色，用橘色作為企業商標的補色，這是從初代塗裝開始就維持的一貫作風。綠色代表耐久性、橘色代表創新，代表高品質的服務和飛行安全。現行塗裝於2015年登場，但尾翼上則繼續使用初代塗裝模仿地球儀的長榮集團商標作為點綴，白色機身用著極粗的字體寫著公司名稱「EVA AIR」。另外，機身下方的波浪形深綠色是現代感十足的設計。而營運國內線和短距離國際線的立榮航空，也是集團底下的航空公司，塗裝和長榮航空類似，尾翼沒有地球儀標誌是最大的特徵。

塗裝的重點

初代塗裝描繪在尾翼上的地球儀，大到超出尾翼。母公司也使用同樣的商標。

DATA BOX
[所屬國家・區域]臺灣　[IATA/ICAO CODE]BR/EVA　[呼號]EVA　[主要使用飛機]B777、B787、A330、A321　[主要據點機場]桃園機場等　[加盟聯盟]星空聯盟　[創立年]1989年

2002年開始使用的塗裝，這個設計也加入了中文公司名稱「長榮航空」。配色接近現行塗裝，但機身下方的綠色更加明亮。

1991〜2002年的塗裝。白色機身上拉出一條綠色細線（只有前方一點點變成橘色）的簡潔設計。機首部分除了中文公司名稱，也能看到小小的英文「EVERGREEN GROUP」。

2018年引進最新機種波音787的時候，推出過787的紀念特別塗裝。用深綠、綠、黃綠色三段式的波浪，打造出美麗的設計。

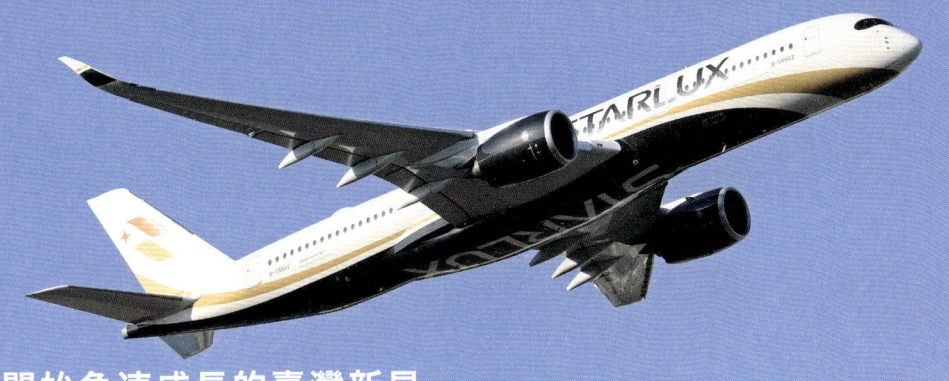

開始急速成長的臺灣新星
星宇航空
Starlux Airlines

如果要說現在臺灣氣勢最旺的航空公司，應該就是2020年啟航的星宇航空吧。2016年準備設立公司，2018年正式起步。2020年1月啟航後本來有急速擴大航線網的計畫，但全世界馬上襲來新冠肺炎疫情，事業發展持續在原地踏步。即便處在未曾有過的事件風險中，依舊有飛成田機場的定期航班。隨著疫情趨緩，也開始積極地朝飛洛杉磯等長距離航線邁進。

星宇航空的英文名稱叫作「Starlux Airlines」。在觀測天體的時候，雖然星星的位置會隨著時間改變，但因為北極星幾乎不太移動的關係，自古以來就擔任導航的指標，星宇航空的「星」指的就是這顆北極星。尾翼上的公司商標，就是北極星加上飛機的小翼。兩片小翼上下排列，也代表著公司名稱的頭文字「S」。

新航空公司的特色是非常注重企業識別。機身塗裝使用的三種顏色分別為象徵「安全、用心、慎重」的黑曜灰、「美麗的夕陽、奢華和專業知識」的玫瑰金（使用在尾翼「S商標」的深金色）以及「堅強、改革、款待」的土黃金（機身上的金色波浪），設計非常洗練。

塗裝的重點

尾翼的商標是用兩片小翼來表現公司名稱頭文字的「S」，後面是象徵北極星的星星標誌。

看起來像黑色的深灰色塗在機身、發動機下方和公司字體。公司名稱採用橫且長的配置，去掉A中間的橫線，是相當精緻的設計。

機身下方漆著黑曜石灰用反白寫著「STARLUX」的商標。從下方看起來不只顯眼，也有髒了比較看不出來的優點。

星宇航空最重視的就是日本航線，窄體飛機A321neo也會飛到日本各地。

DATA BOX
[所屬國家‧區域]臺灣　[IATA/ICAO CODE]JX/SJX　[呼號]STARWALKER　[主要使用飛機]A350、A330、A321　[主要據點機場]桃園機場等　[加盟聯盟]無加盟　[創立年]2018年

寫實地表現梅花圖案
中華航空
China Airlines

　「中華航空」是代表臺灣的航空公司，以長年歷史自豪。1990年代前期因為發生多起航空事故的關係，給人的印象不太好。1995年時刷新塗裝，強調英文名稱「CHINA AIRLINES」。雖然有沒有效果還有待商榷，但近年來的安全性的確有所提升，持續穩定地飛航中。

　現行塗裝在機身上使用高質感的深藍和兩種深淺不同的淡紫色，和以前比起來，更加清新脫俗。這些用色也作為企業識別色，運用在官方網站和空服員的制服上。尾翼上點綴著梅花，粉紅色的花瓣有著深淺不同的細膩表現，在1995年當時也算是相當精緻的設計。據說這個梅花是由專業畫家繪製，雖然也有公布用噴漆塗裝的畫面，但因為是複雜的手工設計，每架飛機的梅花在漸層和色彩濃淡上有著微妙的差異，關於這點也非常有趣。

DATA BOX

[所屬國家·區域]臺灣　[IATA/ICAO CODE]CI/CAL　[呼號]DYNASTY　[主要使用飛機]B777、B787、B737、A350、A330、A321　[主要據點機場]桃園機場、松山機場、高雄機場等　[加盟聯盟]天合聯盟　[創立年]1959年

1995年為止的塗裝，還是用深藍色和紅色的國旗色作為飾線的顏色，機身上也用中文大大寫著「中華航空公司」。

2020年引進的專用貨機波音777F將公司名稱移動到機身後方，「CARGO」的「C」裡面是臺灣島形狀的特別設計。

塗裝的重點

機首附近漆著深藍色、淺紫色和更淺的紫色。駕駛艙下方有斜斜的裝飾線條非常特別。

尾翼上的梅花是用噴漆手繪，每架飛機上的花瓣在深淺上有著微妙的差異。

1995～2011年的塗裝（上）放大公司名稱的「C」，並微微傾斜。2011年以後（左）則變成粗體和清楚的字體。後方有在臺灣通稱「華航」的印章。

和母公司的設計沒有共通性
同集團的塗裝介紹

■臺灣虎航

臺灣虎航是華航旗下的LCC。虎航本來是新加坡的LCC，和澳洲、印尼等國家的航空公司都有合作設立公司，和中華航空合資設立的就是臺灣虎航。其後，總公司虎航被同為新加坡航空公司的酷航吸收，與其他國的合資公司也停止營運，最後只剩下臺灣虎航。塗裝就如同公司名稱一樣，在尾翼、發動機整流罩、小翼上描繪著老虎斑紋，公司名稱採用廣告看板風格，全部用圓形的小寫文字是特徵之一。

公司名稱「g」的文字下半部變成黃色的時髦設計，機身後方有加上臺灣的標誌。「T」的直劃也有臺灣本土的輪廓。

■華信航空

因為與中國的政治因素，為了可以經營在外交考量上無法讓華航停靠的國家，因而設立華信航空。不過之後華航可以直飛後，現在的華信航空則負責臺灣的離島航線或是以台中等地方都市起飛的國際航線，在新冠肺炎疫情爆發之前，還有飛成田和那霸的定期航班。塗裝設計是在白色機身上畫出深藍色和水藍色的飾線，尾翼上畫著的是用飛鳥模仿英文字母「M」的商標。

描繪上時髦的深藍與水藍波浪，公司名採用有稜有角的字體。

1990年代常常以華航的名義飛來羽田機場，照片是畫有飾線的初代塗裝波音747SP。

沿襲基本設計但幾度進行小改款
新加坡航空
Singapore Airlines

1972年從馬來西亞・新加坡航空獨立後，重新起步的新加坡航空。當時的企業識別持續使用到現在，將深藍色和黃色作為企業識別色，並且以鳥為主題的商標來構成機身塗裝。只有公司名稱和現在不同，使用了有稜有角的斜體文字。

這個塗裝是由知名品牌諮詢公司、在航空業界也非常有名的Walter Landor（之後的Landor Associate）操刀設計，畫在機身上的深藍色和黃色飾線前端採用斜切設計，在當時來說算是嶄新的風格。

1987年對企業識別進行小改款，隨著黃色變成金色的同時，也加入橘色當作補色。機身塗裝和尾翼後緣有橘色的裝飾線條，機身飾線的藍色區域放進橘色細線，再加上下方的金色飾線，變得更加豪華。從斜體變成正體的公司名稱，基本上都是全部大寫，只有「N」使用了小寫英文的原創字體。

2005年引進雙層飛機空巴A380之際，也進行過小改款，是讓商標大型化，使得公司名稱更

塗裝的重點

以鳥為主題的商標，從初代塗裝開始就裝飾在尾翼上（照片是波音787）。

採用原創字型，公司名稱只有「N」是小寫。具有高質感的同時，也確實彰顯公司名稱的存在感。

加顯眼的設計。之後這個設計也使用在波音777和787。

DATA BOX
[所屬國家・區域]新加坡　[IATA/ICAO CODE]SQ/SIA　[呼號]SINGAPORE　[主要使用飛機]A380、A350、B777、B787、B737　[主要據點機場]新加坡機場等　[加盟聯盟]星空聯盟　[創立年]1947年（以馬來亞航空算起）

1987～2005年的設計和現在公司名稱的尺寸不同，這是因為廣告看板字體流行前後的差異，當時這個程度的是標準尺寸。

初代塗裝是由淺黃色和深藍色構成，比現在給人更加簡潔的印象。斜體的公司名稱是最大的差異處，機身下方是白色，發動機整流罩沒有塗裝。

引進空巴A340-500時，為每架飛機取了暱稱，波音747-300叫作「BIG TOP」，747-400叫作「MEGA TOP」，747-400F叫作「MEGA ARC」，A340-500叫作「LEADERSHIP」。暱稱會寫在駕駛艙後方。

80

將民族傳統灌注在尾翼設計上
峇迪航空
Batik Air

　　峇迪航空是印尼代表性的LCC獅子航空，在2013年設立的全服務航空公司。不僅在印尼營運，之後也進入馬來西亞的市場，以峇迪馬來西亞航空（從2012年設立的馬印航空更名）飛日本的定期航班。

　　「峇迪（BATIK）」指的是馬來西亞和印尼的民族工藝「蠟染」布料，在日本也叫作更紗。峇迪是印尼和馬來西亞的正式服裝也會使用的高級布料，峇迪航空因此將傳統的花紋畫在尾翼上。

　　尾翼有著非常精緻的設計，用深藍、深紅、黃色三種顏色組合成複雜的美麗樣式。另外，還將蠟染技法中專門拿來塗融蠟的筆型道具，組合進前方公司名稱的「B」字，也是特徵之一。和母公司獅子航空的簡潔設計有著強烈對比，但因為是全服務航空的關係，在塗裝下功夫也有助於宣傳民族傳統。另外一項特徵是空巴飛機和波音飛機的蠟染花紋還會不一樣。由於配色相同，維持了企業識別的共通性，卻又能讓人感覺到童趣，在機場看到的時候是款值得關注的設計。

塗裝的重點

公司名稱「B」是做蠟染的道具，非常特別。雖然上面是馬來西亞的國旗，但如果是印尼峇迪航空營運的話，就會變成印尼國旗。

雖然只使用了三種顏色，但花紋給人複雜華麗的印象。是也可以在馬來西亞民族服飾看到的獨特設計。

空巴飛機的尾翼設計和波音飛機比起來相對簡單。整體印象雖然相同，但氛圍卻有若干差異。照片是印尼峇迪航空的飛機。

新冠肺炎疫情之前飛日本航線的泰國獅子航空。獅子航空的塗裝雖然不是這樣，但只有空巴A330的尾翼用了蠟染的花紋。

DATA BOX
[所屬國家・區域] 印尼/馬來西亞　**[IATA/ICAO CODE]** ID/BTK（印尼）OD/MXD（馬來西亞）　**[呼號]** BATIK（印尼）MALINDO（馬來西亞）　**[主要使用飛機]** B737、A320　**[主要據點機場]** 蘇加諾哈達機場、哈桑丁蘇丹機場（印尼）、吉隆坡機場（馬來西亞）等　**[加盟聯盟]** 無加盟　**[創立年]** 2013年

81

散發泰國文化的設計極具魅力
泰國國際航空
Thai Airways International

泰國國際航空的塗裝設計以散發濃厚的文化色彩為特徵，以泰絲和蘭花為主題，加上象徵寺廟的金色作為點綴的企業識別令人印象深刻。商務艙命名為「皇家絲綢艙」，飛行常客獎勵計畫則稱為「皇家風蘭會」，服務的名稱也以絲綢和蘭花作為命名。

散發著泰國文化氛圍的現行塗裝，在2006年曼谷新機場落成的時登場。尾翼的蘭花標誌和以前的設計比起來只有些微變動，但是整體塗裝大幅翻新，以白色為基礎色，機身後方由下往上的飾線在當時來說是相當嶄新的風格。以象徵王室高貴的紫色為主，搭配金色和深粉紅色的華麗色系，讓人聯想到泰絲的洋裝。公司的正式名稱為「Thai Airways International」，但是在飛機上只寫著「THAI」的國家名稱和商標，簡潔設計也是特徵之一。

這個塗裝的飛機在曼谷機場一字排開，再被南國熾熱的陽光直射，看起來非常華麗。順帶一提，旗下子公司泰國微笑航空（THAI Smile），

塗裝的重點

機身後方採用大膽的設計，對比下來公司名稱就相對低調一點，主色系的紫色也點綴在小翼上。

既沿襲泰國國際航空的設計，又具有流行感，對照起來也很有趣。

DATA BOX

[所屬國家‧區域]泰國　[IATA/ICAO CODE]TG/THA　[呼號]THAI　[主要使用飛機]B777、B787、A350、A330、A320　[主要據點機場]曼谷‧蘇凡納布機場等　[加盟聯盟]星空聯盟　[創立年]1960年

旗下的低成本航空公司泰國微笑航空的空巴A320。紫色和商標沿襲了母公司的設計，但也加上了黃色、橘色、粉紅色，變得比較花俏。

提到曼谷‧廊曼機場時代的泰國國際航空，就是這個塗裝。公司名稱是讓人感受到泰國風情的圓形字體，尾翼和機身前方也有蘭花商標。

1994年左右出現的實驗塗裝機。窗沿的飾線用淺灰色，給人相當不同的印象，但沒有正式採用，又回到原本的塗裝。

尾翼上妝點著國花「金蓮花」
越南航空
Vietnam Airlines

越南經歷越戰後南北統一，成為社會主義國家。越南航空起源是1956年設立的越南民用航空局（Vietnam Civil Aviation），但是現在的經營體制是於1990年代引進市場經濟之後才確立下來。當初是以舊蘇聯的飛機營運，慢慢地開始濕租空巴A320和波音767，隨著經濟發展，也開始更換成西方國家製造的飛機。

這個時期的塗裝是在白色機身畫上藍色飾線，頗有社會主義國家風格，公司名稱也採用特徵十足的字體。無論舊蘇聯的飛機或西方國家製的飛機都用這個塗裝，當時正處於還沒有確立企業識別的時代。

大幅產生改變是在2002年發表新的企業識別「金蓮花（GOLDEN LOTUS）」之後。不單只是變更塗裝，也迅速實施改善服務品質、擴大航線以及更新飛機等營運方針。這時採用的是比深綠色還深、看起來又像藍色的基礎色調，機身下方塗上灰色，於主色塊的交界處漆上白色細線，也是從這個塗裝開始才在尾翼上描繪金色的蓮花。順帶一提，蓮花是佛教國家越南的國花。現在的塗裝是2015年進行小改款而成，波音787和空巴A350都以這個新塗裝交機。

塗裝的重點

和舊塗裝比起來，金蓮花整個超出尾翼大小，上方加進小小的越南國旗。

公司名稱採用清爽的纖細字體表示，前方也有金蓮花點綴。現行塗裝開始，機身下方的波浪變成較粗的金線（照片為波音787）。

為現行塗裝基礎的前一代塗裝。深綠色的基礎色是其他航空公司不太使用的色系，一看就知道是越南航空。

白色機身加上兩條藍色飾線的波音767。舊蘇聯飛機中也有僅一條藍色飾線的版本，是共產國家的航空公司常用的配色。

DATA BOX
[所屬國家・區域]越南　[IATA/ICAO CODE]VN/HVN　[呼號]VIETNAM　[主要使用飛機]B787、B737、A350、A321　[主要據點機場]胡志明市機場、河內機場、峴港機場等　[加盟聯盟]天合聯盟　[創立年]1956年（以越南民用航空局算起）

83

清爽的塗裝勾起前往度假勝地的旅遊心情
嘉魯達印尼航空
Garuda Indonesia

　　嘉魯達印尼航空的白色機身、現行塗裝在尾翼上使用翡翠綠以及水藍色構成複雜的色系，是一大特徵。不論是2005年登場的現行塗裝，還是1985年登場的前一代塗裝，都是由知名的Landor Associate擔任設計。

　　現行塗裝是以棲息在印尼熱帶地區的鳥類為靈感，被命名為「自然之翼（Nature Wing）」，但同時也表現出印尼美麗的海洋顏色與波浪。機身前方用深金色寫著公司名稱「Garuda Indonesia」，是比較容易辨識的「Myriad Pro」字體。公司名稱前方用深藍色和藍色畫著以神鳥迦樓羅為設計概念的商標。迦樓羅是印尼國徽也有使用的印度教神鳥，設計的特色可以在尾翼和小翼上看到以不同深淺的藍色和綠色複雜地組成，象徵著不斷重疊的羽毛，配色也讓人聯想到南島海洋的清爽感。

　　嘉魯達印尼航空曾經有一段因為相繼發生事故，令人對安全性抱持疑慮而陷入經營困難的時期，但現在已經成為代表印尼的航空公司，把許多觀光客送到峇里島等度假勝地。這個明亮清爽的塗裝很好地展現出印尼的熱帶風情。

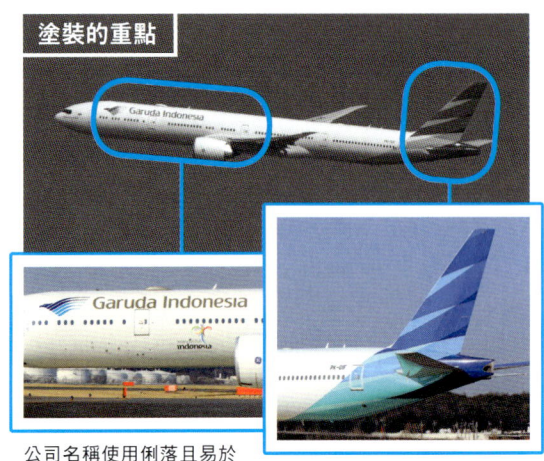

塗裝的重點

公司名稱使用俐落且易於辨識的字體，深金色是少見的選擇。前方畫上迦樓羅的商標，印尼國旗低調地配置在機門前。

尾翼設計越看越複雜。雖然沒有公司名稱和商標，但一眼就能看出是嘉魯達印尼航空的飛機，可以說是長年操刀航空公司設計的Landor Associate功力。

DATA BOX

[所屬國家・區域]印尼　[IATA/ICAO CODE]GA/GIA　[呼號]INDONESIA　[主要使用飛機]B777、B737、A330　[主要據點機場]蘇加諾哈達機場、伍拉・賴機場等　[加盟聯盟]天合聯盟　[創立年]1949年

1985～2009年的設計，尾翼以深藍為基礎，從藍色到綠色的六個漸層色畫出商標。寫在機身中央處的公司名稱採用斜體，從下方往上看的話，是很難看到的位置。

富裕國家的優雅塗裝
汶萊皇家航空
Royal Brunei Airlines

汶萊面積僅約5765平方公里，卻是擁有豐富的石油和天然氣等自然資源的富裕國家。代表國家的汶萊皇家航空，塗裝也傳遞出這種富裕的高雅。

現在使用的企業識別是於2012年登場，機身上部為白色、下方為灰色的雙色系。尾翼以明亮的黃色為基礎色系，只點綴著汶萊國徽和「RB」兩個英文字，設計簡潔。機身前方的公司名稱「ROYAL BRUNEI」採用極細的字體，醞釀出優美的氛圍。這個塗裝首先使用在空巴A320上，2013年引進的波音787也以這個姿態交機。汶萊的國旗是以象徵皇室的黃色為基礎，用白色和黑色的線條斜斜穿過，中間配置著國徽，不過機身上的公司名稱也疊著黃色斜線，是令人記憶深刻的設計。

到2012年為止的舊塗裝，也在機身下方和尾翼後方漆上黃色等等，使用了許多黃色要素。由於很少公司以黃色作為企業識別色，讓人感到原創性的優雅設計非常適合波音777和767，不過和現在的洗練設計比起來，無法否認稍微老氣了一點。

塗裝的重點

描繪在機身前方的公司名稱當中，「R」最具特徵。文字的間隔很充裕，所以「R」和「B」也稍微大了一點，黃色斜線重疊於其上作為強調。

以亮黃色為基礎色的尾翼上配置著「RB」和國徽，國徽是以半月、傘、翅膀、手等元素構成的複雜設計。

DATA BOX
[所屬國家・區域] 汶萊　[IATA/ICAO CODE] BR/RBA　[呼號] BRUNEI　[主要使用飛機] B787、A320、ATR　[主要據點機場] 汶萊機場等　[加盟聯盟] 無加盟　[創立年] 1974年

舊塗裝雖然一樣使用黃色作為基礎色調，但是比現在稍微深一點。尾翼上畫著國徽。

85

感受不到老氣的先進設計
菲律賓航空
Philippine Airlines

1986年登場的現行塗裝，以「歐洲白」為底色，簡潔地寫上公司名稱「Philippines」，執掌的是大家所熟悉的Landor Associates。因為當時還是採用機身飾線的全盛時期，這個素雅的塗裝登場時，筆者對此留下了驚訝的記憶。以白色機身為基礎的設計在日後成為主流，過了30年後的現在來看，也不覺得老氣。

相較於公司名稱為「Philippine Airlines」的前一代塗裝，現行塗裝只使用了在字尾加上「s」的「Philippines」。因為菲律賓的英文國名為「Republic of Philippines」，所以現行塗裝上不是航空公司的名稱，而是國名。尾翼由國旗的白、黃、藍、紅共四種顏色所構成。國旗上描繪著從太陽衍伸出的八條光芒，象徵著獨立革命的時候，最先揭竿起義的八個州，所以尾翼圖案上的太陽也有往前延伸的八條光芒。另外，藍色象徵著「和平、真實、正義」，紅色是「勇氣與愛國心」、白色則代表「平等」。

前一代塗裝是於1970～1986年間使用，以有如紅豆般的深紅色和深藍色兩種顏色組成的飾線，妝點在窗沿下方，尾翼上也使用了這兩種色彩。

塗裝的重點

稍微傾斜的字體清楚地浮現在機身上，只寫著國名讓人感受到美感的品味。

象徵著國旗的尾翼設計，向前延伸的黃色線條讓人聯想到日出，是讓人留下深刻印象的圖案。

DATA BOX
[所屬國家・區域]菲律賓　[IATA/ICAO CODE]PR/PAL　[呼號]PHILIPPINE　[主要使用飛機]A350、A330、A321、B777　[主要據點機場]馬尼拉機場、宿霧機場等　[加盟聯盟]無加盟　[創立年]1941年

窗沿下方有兩條飾線的舊塗裝，機身上的名稱「Philippine Airlines」和現在不一樣。

機首描繪著親吻圖案的特別塗裝飛機「LOVEBUS」。為了表現出和空巴長年以來的信賴關係，2019年的時候漆在A350上，在1979年的A300上也能看到同樣的塗裝。

菲律賓風格十足的華麗塗裝
宿霧太平洋航空
Cebu Pacific Air

宿霧太平洋航空儘管是LCC，卻成長為菲律賓最大的航空公司。雖然在1996年才開始啟航，資歷尚淺，但現在也有以成田機場首航，開始直飛日本的航班。現行塗裝於2016年，第一次使用在空巴A320上，公司名稱是全部採用藍色小寫的廣告看板風格字體，白色機身下方施以檸檬黃的波浪，機體後方則將鳥圖案化，化為熱帶風情的斗大插圖。設計上使用代表天空的水藍色、表現大地的綠色、象徵海洋的藍色，宣傳菲律賓豐饒的大自然魅力。機身下方寫著公司名稱是近年來的流行，不過黃色的尾翼只有加上白色線條，連公司名稱和商標都沒有放，是非常簡潔有力的設計。

前一代的塗裝是用深黃和淺黃兩種色調為基礎，並且用綠和藍大幅描繪鳥的插畫商標。整體企業識別和商標設計感覺比較不現代，兩者相較起來，現行塗裝的高完成度更為出眾。

再之前是只有在白色機身加上商標的簡單風格，給人當時並不重視企業識別的印象。但隨著事業規模和航線版圖擴大、企業不斷成長，塗裝也跟著變得更加洗練。

塗裝的重點

翻新機身後方的設計，大大地畫著變得更加有現代感的藍鳥圖案，尾翼的設計簡潔明瞭。

清爽藍色的公司名稱雖然有著不小的尺寸，但全部用小寫字體，給人低調的印象。

DATA BOX
[所屬國家・區域]菲律賓　[IATA/ICAO CODE]5J/CEB
[呼號]CEBU AIR　[主要使用飛機]A330、A320、A321
[主要據點機場]馬尼拉機場、宿霧機場、達沃機場等　[加盟聯盟]價值聯盟　[創立年]1988年

前一代的塗裝在機身上有著LCC風格常見的公司網址。機身前方的藍鳥商標給人勇猛的印象，比公司名稱更吸引目光。

雖然是前一代的塗裝，但卻沒有公司網址。這個時候還沒有飛日本的航線。

白色的機身加上公司名稱和商標的初代塗裝。當時是只飛菲律賓國內線的小公司。

在機場也非常醒目的紅色飛機
亞洲航空集團
Air Asia Group

　從馬來西亞的小規模航空公司開始，現在已經成為亞洲大型跨國LCC的亞洲航空集團。從所謂的「本家」──馬來西亞的亞洲航空為首，加上泰國亞洲航空、印尼亞洲航空、菲律賓亞洲航空等等，在東南亞各國拓展分公司之外，負責中距離路線的全亞洲航空、泰國全亞洲航空也是集團下的一員。之後還有設立柬埔寨亞洲航空的計畫，包括目前已經停飛的日本亞洲航空和賣給印度塔塔集團的印度亞洲航空（現在的名稱為AIX Connect）在內，追溯過去的話，集團底下還有許多子公司。

　1993年設立的亞洲航空在持續經營不善的情況下陷入破產邊緣，現任集團CEO的實業家費南德斯（Tony Fernandes）在2001年以僅僅1令吉的價格收購，2002年開始轉換成LCC廉航，以鮮紅的企業識別色重新出發。亞洲航空雖然是馬來西亞的航空公司，但如同前文所述，以東南亞為中心持續設立子公司並急速成長。另一方面，如果事業發展不如預期的話，便迅速撤退也是一大特徵，代表性的例子就是日本亞洲航空。和ANA合資設立的第一階段日本亞洲航空（2011～2013年），就因為亞洲航空和ANA的思考方式差異等因素，啟航才一年多就撤退了。之後第二階段的日本亞洲航空（2014～2020年）以日本中部國際機場為據點，改變了股東（樂天等公司出資）組成，也因為新冠肺炎疫情的影響，無法順利擴大事業，2017年啟航後大約三年就撤退了。

　全身通紅的機身上用圓弧英文字體寫著公司網址，尾翼用手寫字體畫著公司名稱的現行塗裝版本，是在2016年登場。除了公司網址和名稱的差異之外，機身和尾翼的「Air Asia」字體完全不一樣，風格非常特殊。發動機整流罩的紅色圓圈內有公司名稱商標，也有什麼都不畫

2012～2016年左右的塗裝，左舷不是網址，而是寫著公司名稱，右舷則寫著「Now Everyone Can Fly」的標語。

2005～2008年左右的設計，採用了手寫風格的網址，除了字體差異之外，標語也以大寫英文漆在機身前方。

塗裝的重點

> 表示所屬國家的國旗，放在駕駛艙下方。照片是泰國亞洲航空的飛機。

> 尾翼上的公司名稱採用手寫字體風格，和機身的公司網址有著不同的氛圍。

的飛機，並沒有完全統一。話雖如此，費南德斯就任CEO後，歷代的塗裝都貫徹以紅色為基礎的設計，正式拓展事業版圖的2005年對塗裝進行過數次小改款後，持續用到現在。中距離航線的全亞洲航空也只是在尾翼和發動機整流罩加上「X」的標誌，其他基本上都使用同樣的設計。子公司則可以利用駕駛艙下方的國旗來判別國籍差異。

　烙印在眼簾上的鮮紅色塗裝，在大機場也是非常顯目的存在，機身廣告與活動相關的特殊塗裝機比例較高也是特徵之一，除了遵守紅色的企業識別色之外，和其他大型航空公司比起來，給人對企業識別比較不在乎的印象，這點也非常有LCC的風格。

DATA BOX

[所屬國家‧區域] 馬來西亞　[IATA/ICAO CODE] AK/AXM　[呼號] RED CAP　[主要使用飛機] A320/A321　[主要據點機場] 吉隆坡機場、亞庇機場、檳城機場等　[加盟聯盟] 無加盟　[創立年] 1993年
※資料來自亞洲航空

被收購前的塗裝。機身的深藍色設計和現在完全不一樣。

2008～2012年左右的設計採用了手寫網址風格，文字比以前的設計更粗。

費南德斯收購後有了新體制，2002年登場的就是沿用到現在的紅色塗裝。

尾翼和發動機導流罩上漆著的是全亞洲航空的「X」標誌。

擁有許多強調國家的特別塗裝機
馬來西亞航空
Malaysia Airlines

以馬來西亞風箏為設計理念的傳統商標，除了尾翼之外，也描繪在小翼上。

現在的塗裝，是將企業識別色的深藍色及紅色飾線從機身下方流淌到後方，於2012年發表。2010年時曾推出過類似現行塗裝的設計，2012年就以此為基礎進行細部修正。

公司名稱採用斜體的小寫英文，只有「malaysia」的部分用粗體強調，字體也非常獨特。尾翼描繪著公司長年使用的商標——馬來西亞風箏，並且使用了身為企業識別色，也同為國旗色的深藍色和紅色這兩種。

另外，和現行塗裝一起於2012年登場的空巴A380（2022年退役），並非採用馬來西亞航空的正式塗裝，而是全機以藍色飾線為基礎的特別塗裝機。再加上2017年還有在機身上大大描繪著馬來西亞國旗的特別塗裝機「Negaraku」（馬來西亞國歌歌名，意思為「我的國家」）。但因為有許多飛機採用這個塗裝的關係，已經沒有特別塗裝的稀有性了，不過是擁有十足馬來西亞風格的華麗設計。順帶一提，投入日本航線的A350，有超過半數都採用這個「Negaraku」塗裝，有很多機會可以在日本機場看到。

DATA BOX
[所屬國家·區域] 馬來西亞　[IATA/ICAO CODE] MH/MAS
[呼號] MALAYSIAN　[主要使用飛機] A350、A330、B737
[主要據點機場] 吉隆坡機場、亞庇機場等　[加盟聯盟] 寰宇一家　[創立年] 1947年（以馬來亞航空算起）

❶大膽採用國旗設計的「Negaraku」塗裝，數量多到甚至說是正式塗裝也不為過，在日本看到的機會也不少。❷活躍時間實質上不到十年的空巴A380，使用的是以藍色為基礎的專用塗裝。以深藍色、藍色、水藍色三種顏色構成，通常會有兩種顏色的馬來西亞風箏也只用了深藍色。❸2010年發表的設計為現行塗裝的原型。紅色粗體的公司名稱「airlines」和現在有很大的差異，流淌在機身側面的深藍色和紅色飾線也相當粗。❹2000年代的馬來西亞航空塗裝，基本上用色沒有太大的差異，窗沿下方的直線飾線也很有年代感。❺1980～1990年代使用的紅色飾線，在當時算是標準設計，尾翼已經坐鎮著馬來西亞風箏。

簡單但色彩豐富的塗裝
斯里蘭卡航空
SriLankan Airlines

以舊稱蘭卡航空廣為人知的斯里蘭卡航空，1998年和阿聯酋航空合夥，隔年變更成現在的公司名稱，也趁機更新了塗裝。

白色機身加上廣告看板風格字體，算是比較傳統的塗裝，公司名稱在「Sri」的部分用較深的水藍色，接在後面的「Lankan」則變成深藍色。從側面可能看不太清楚，機身下方其實漆了水藍色，並且用白色寫著「visit sri lanka」的訊息。

尾翼描繪的是紅色身軀加上橘色與綠色翅膀的孔雀，這個色系和斯里蘭卡的國旗色一樣。紅色象徵的是僧伽羅族，綠色和橘色則代表信奉伊斯蘭教和印度教的坦米爾族。乍看之下整體設計很簡單，但使用了深藍色、水藍色、綠色、橘色、紅色（其他國旗少見的紅棕色）等豐富的顏色。進入2000年後，除了在機身後方追加網址之外，最近也在機身下方加入商標等等，進行過幾次小改款。

塗裝的重點

纖細的字體有著獨特的個性，使用藍色和水藍色的色系，也讓人聯想到位於印度洋的斯里蘭卡美麗海洋。

把大量棲息在斯里蘭卡國家公園的孔雀圖案化的尾翼設計。斯里蘭卡航空的空服員制服也採用了孔雀圖案。

機身下方只有中央處塗上藍色，最近還加上了「visit sri lanka」的文字。

DATA BOX
[**所屬國家·區域**] 斯里蘭卡　[**IATA/ICAO CODE**] UL/ALK
[**呼號**] SRI LANKAN　[**主要使用飛機**] A330、A320/A321
[**主要據點機場**] 班達拉奈克機場等　[**加盟聯盟**] 寰宇一家　[**創立年**] 1979年

1990年代以前還用蘭卡航空的公司名稱飛成田機場。照片上的洛克希德L-1011的尾翼，畫著比現行塗裝更寫實的孔雀圖案。

91

2023年新塗裝登場後，這個就變成了舊塗裝，但是2024年初大部分的飛機都還是這個設計。每個窗框都有花紋是只有印度航空的飛機才能看到的獨特設計。

2023年刷新印象的新塗裝誕生
印度航空
Air India

作為代表印度的航空公司，以前雖然是國營企業，但因為經營困難的關係，被印度的大型企業集團 — 塔塔集團收購。之後又與塔塔集團和新加坡航空共同出資的塔新航空合併，2023年夏天推出新的塗裝。空巴A350就以這個塗裝交機。白色的機身加上大型廣告看板字體，用金色和紫色作為點綴，和散發著古典氛圍的舊塗裝比起來，更加現代且瀟灑。

在執筆本書的2024年初，飛到成田機場的波音787採用的是在2007年與印度人航空合併時登場的塗裝設計。機身以讓人聯想到雞蛋的珍珠白為基礎色調，下方塗上紅色的企業識別色，每一扇窗戶精緻的獨特窗框設計，讓人聯想到泰姬瑪哈陵，尾翼圖案則是以振翅飛翔的天鵝為形象，但卻用橘色來表現。

兩代以前的塗裝被稱作「飛翔宮殿（Flying Palace）」，窗戶上下各畫出一條紅色飾線，於1971～1989年使用，但是1990年又再回歸這個塗裝，有著複雜的歷史脈絡。1989～1990年期間登場的是被稱作「Jetley Sun」的塗裝，為1987年就任CEO的Jetley在進行改革的過程中引進的新企業識別，由Landor Associates公司擔任設計。特徵是歐洲白的機身加上尾翼上的紅色斜線，尾翼上方畫著閃耀著24條光芒的金色太陽，但隨著Jetley在1990年退任，舊塗裝才在短時間內又復活了。

❶在白色機身上用廣告看板字體寫著公司名稱的新塗裝，和舊款塗裝比起來變得更加時髦。照片提供：印度航空。❷公司名稱相當特別地加入了連字號。尾翼上有著當地文的公司名稱，以設計上來看雖然不時髦，但卻頗有印度風格。❸不愧是由Landor Associates公司操刀的設計，給人印象洗鍊的「Jetley Sun」塗裝，但因為經營者退任的關係，短時間內就消失了，又變回之前的塗裝。

DATA BOX

[所屬國家‧區域]印度　[IATA/ICAO CODE]AI/AIC　[呼號]AIR INDIA　[主要使用飛機]B777、B787、B737、A350、A319/A320/A321　[主要據點機場]德里機場、孟買機場等　[加盟聯盟]星空聯盟　[創立年]1932年（以塔塔航空算起）

維持從中國民航繼承的塗裝
中國國際航空
Air China

仔細觀察尾翼的鳳凰圖案，可以看見藏著「VIP」的文字（V是鳥的頭部到尾巴，I是中間的羽毛，P是在尾部彎曲的翅膀），展現了公司對旅客的態度。

中國國際航空的塗裝基本設計，維持40年以上沒改變過。改革開放前，中國的航空業界實際上就是由中國民航一家獨大，中國國際航空的塗裝就沿襲了中國民航的設計，白色的機身下方漆上淺灰色，窗戶下緣有粗細不同的兩條飾線。

除了過往的名機波音707之外，伊留申IL-62等蘇聯製客機也都施以同樣的塗裝，根據機種不同，機身下方的淺灰色塗裝位置也有差異，所以還是多少有不同版本。舉例來說，波音747的灰色就一直延伸到窗戶下方為止，窗列部分漆著藍色的粗飾線。而道格拉斯MD-82，就將原本下粗上細的藍色飾線反過來。放在感覺不怎麼在乎企業識別的共產主義全盛時期的中國，可能是會令人驚訝的事情。

中國國際航空在中國民航分割後誕生，尾翼上的國旗變成了據說可以帶來幸福的傳說生物「鳳凰」，之後30年以上就持續用這個塗裝飛行。公司名稱從中國民航變成中國國際航空，但還是維持一貫的毛筆字體。另外，中國南方航空和中國東方航空右舷的中文公司名稱，是由前方開始向後書寫，所以變成從右往左讀。中國國際航空則是和英文寫法一樣，從左到右寫上中文公司名稱，在身為「三巨頭」的航空公司當中也有不一樣的地方，令人感到有趣。

DATA BOX

[所屬國家‧區域]中國　[IATA/ICAO CODE]CA/CCA　[呼號]AIR CHINA　[主要使用飛機]B747、B777、B787、B737、A350、A330、A319/A320/A321、ARJ21　[主要據點機場]北京首都機場、北京大興機場、成都天府機場等　[加盟聯盟]星空聯盟　[創立年]1988年

❶中國民航時代的塗裝，一直到波音747的窗列下方都漆上灰色，並且畫上藍色飾線，根據機種不同，飾線類型也有差異。
❷藍色飾線通常是上粗下細的設計，但MD-82則是反過來，因為這樣比較適合纖細的機身。可以看出有仔細思考過設計。

根據機種不同，「AIR CHINA」和「中國國際航空」的公司名稱大小平衡也有差異，這台波音777的英文字較小，但787和空巴A350則是同樣的尺寸。

追求簡單乾淨的設計
中國東方航空
China Eastern Airlines

中國東方航空現行顯眼、簡潔的白色機身於2014年登場。剛好配合波音777-300ER交機的時間一起引進，在從中國民航分割出來民營化的主要航空公司當中，中國東方航空是最早變更塗裝的案例。

設計主題為簡單時髦，在白色機身上只乾淨地使用深藍和紅色的企業識別色。公司起步時就持續使用的燕子商標，是以在總公司所在地上海市中心蜿蜒的黃浦江為概念，加上若干曲線變化而成。這個燕子的設計看得出來是用「China Eastern」的頭文字「C」和「E」組合而成也是特徵之一。

近年來以白色為底的塗裝在世界各地流行起來，在日本最具代表性的就是JAL集團。色彩豐富的飛機在機場一字排開，白色的塗裝雖然簡易樸素，但利用商標和公司名稱字體的差異也能賦予不同的印象。而中國的航空公司會寫上中文公司名稱，但左舷是從左到右，右舷則是從右到左，這一點和英文公司名稱不同也很有趣，是偶爾也能在日本卡車上看到的風格。

塗裝的重點

尾翼的燕子商標有比以前更微妙的柔和曲線。仔細看左舷，不難發現指的是「China Eastern」的縮寫「C」和「E」。

中文名稱用著稍粗的紅色字體寫在機身前方，英文名稱則是深藍色，和中文一樣是有點圓的字體。

DATA BOX
[所屬國家‧區域] 中國　**[IATA/ICAO CODE]** MU/CES　**[呼號]** CHINA EASTERN　**[主要使用飛機]** B777、B787、B737、A350、A330、A319/A320/A321、C919　**[主要據點機場]** 上海虹橋機場、上海浦東機場、北京大興機場、廣州白雲機場等　**[加盟聯盟]** 天合聯盟　**[創立年]** 1988年

旗下的貨運航空公司「中國貨運航空」也變成同樣的企業識別。

中國東方航空的第一代塗裝，紅色和藍色之間有白色和金色的飾線，現在看起來有點過時，燕子標誌也比較有稜有角。

根據機種進行些微調整的塗裝
中國南方航空
China Southern Airlines

在1988年因中國民航分割而生的中國南方航空，顧名思義就是以中國南部的廣州為據點的航空公司。尾翼上用紅色畫著生長於東南亞的吉貝木棉。企業識別色用水藍色來表現藍天和自由，使用在尾翼和機身的飾線上。輔色是接近深藍的藍色，代表了知識、安心、信賴，機身飾線和廣告等都有使用，不過公司名稱是比上述更深，幾乎接近黑色的顏色。中文公司名稱寫在機身前方，英文名稱比中文略小，採用一般常見的全部大寫。另外，右舷的中文公司名稱因為由前往後寫的關係，所以要從右往左讀，英文公司名稱則是反過來從左邊開始讀，這點和中國東方航空一樣。

機身的底色為白色，窗列下方是水藍、深藍，再加上金色的細線。相當適合空巴A330和波音777等飛機，但漆在機身尺寸巨大的雙層飛機A380則有點不平衡，所以飾線的一部分會直接蓋在主要座艙的窗戶上。以前使用機身纖細的MD-80，也會把機身下方的深藍色飾線變細一點，根據機種進行微調，花功夫避免產生不

塗裝的重點

近距離觀察的話，可以發現飾線細節由水藍色、深藍色、金色構成。因為是使用中文的國家，中文公司名比英文公司名要大一點點。

尾翼在水藍色的基礎色上描繪紅色的木棉。紅色在中國有著傳統、威嚴、幸福等各樣涵義，許多航空公司都會使用。

協調的感覺。另一方面，為了宣傳新世代飛機波音787的先進性，全機都採用了特別塗裝。

DATA BOX

[所屬國家・區域]中國　[IATA/ICAO CODE]CZ/CSZ　[呼號]CHINA SOUTHERN　[主要使用飛機]B777、B787、B737、A350、A330、A319/A320/A321、ARJ21　[主要據點機場]廣州白雲機場、北京大興機場、上海浦東機場等　[加盟聯盟]無加盟　[創立年]1988年

如果把飾線配置在空巴A380的窗戶下方，白色的部分會變得太大，所以改設置在主要座艙的窗戶上，對整體的平衡加以調整。

以特別塗裝機登場的波音787，在機身整體描繪著飛鳥張開的翅膀，前方也加入了787的機種名稱，宣傳全新的新世代飛機。維持企業識別色的同時，也給人嶄新的印象。

集團各公司都採用高共通性的塗裝
海南航空集團
Hainan Airlines Group

以位於中國南海的海南島為據點，雖然啟航至今只有短短30年的歷史，但已經發展成旗下有數間航空公司的HNA集團（海航集團）。HNA集團旗下有海南航空、長安航空、北京首都航空、福州航空、大新華航空、北部灣航空（GX AIRLINES）、雲南祥鵬航空（LUCKY AIR）、金鵬航空、天津航空、烏魯木齊航空、中國西部航空等公司，也有出資香港航空。香港快運航空雖然在2019年賣給國泰航空，但過去也是HNA集團的一員。

海南航空雖然到2010年代為止，有著勢不可擋的急速成長，但之後因為過度投資導致無法履行債務，陷入經營困境，再加上新冠肺炎疫情的連續打擊，在2020年瀕臨破產。在不斷摸索重建方式的同時一邊繼續經營，以海南航空為首，加上天津航空和香港航空等多間航空公司還是有持續飛日本的航線，2021年時把航空事業賣給了遼寧方大集團，經營體制有了大幅的變化。

海南航空的企業識別色是以接近朱紅色的紅色為主，以黃色為輔。紅色在中國是表示幸運的顏色而非常受人歡迎，而眾人皆知黃色是皇帝等高貴權要身穿的顏色，被視為可以帶來金錢和運勢，是非常中國風的色系。以翅膀為意象的現行商標設計，是從1993～2004年初期設計改變而來，2013年時小改款過一次，對中、英文字體進行微調。

❶香港航空的塗裝，公司商標後面加上中文和英文公司名稱的設計和海南航空一樣，但是海南航空的英文公司名稱只有頭文字大寫，而香港航空則是全名都大寫。❷揚子江快運的貨機雖然用色一樣，但設計有若干差異。另外，客機波音737則是和海南航空使用相同配色。❸天津航空雖然也用一樣的配色，卻是全新的設計。話雖如此，光看紅色和黃色，就能知道是海南航空集團旗下的航空公司

塗裝的重點

駕駛艙後方有HNA集團的商標，接在後方的是中文和英文公司名稱。在2013年以前，公司名稱字體有所差異，前方也沒有公司商標。

尾翼上不單單只有朱紅和黃，仔細觀察可以發現陰影是深紅色，黃色的邊緣處用了橘色，黃和橘之間則用了接近白色的黃色，是相當複雜的塗裝。

海南航空及集團旗下各公司，基本上都採用白色機身加上黃色與朱紅色飾線，有高度共通性，因此在有多間航空公司飛抵的成田機場等處看到的時候，沒有確認公司名字，便很難區分是海南航空還是香港航空的飛機。烏魯木齊航空和中國西部航空雖然採用差異性極大的塗裝，但是駕駛艙後方會有作為集團證明的「HNA」紅色小商標。

DATA BOX

[所屬國家‧區域]中國　[IATA/ICAO CODE]HU/CHH　[呼號]HAINAN　[主要使用飛機]B787、B737、A330　[主要據點機場]海口機場、北京首都機場、西安機場等　[加盟聯盟]無加盟　[創立年]1993年　※資料來自於海南航空

北京首都航空的A319，這邊也採用了朱紅色和黃色的集團配色，但設計為原創。

2004年為止的塗裝，配色、設計和現行塗裝有很大的差異。

雲南祥鵬航空雖然在設計上有很大的差異，但黃和朱紅的配色和雲南航空一樣。尾翼則是在飛機迷之間有著「和英國航空一樣但配色不同」的說法。

小改款前的海南航空塗裝。黃和朱紅的配色雖然和現在一樣，但波浪曲線的位置不同，配置在機首和尾翼前方。另外，中文公司前面沒有商標，字體也有些微差異。

由於烏魯木齊航空是海南航空和烏魯木齊市共同出資的關係，不是採用海南航空的配色，尾翼上獨自畫著孔雀的圖樣。

以重慶為據點的LCC——中國西部航空在配色上完全不同。可能是LCC而有著不同的設計，駕駛艙後面有小小的HNA商標。

97

反覆進化的綠色塗裝
國泰航空
Cathay Pacific Airlines

因為波音747有上層客艙的關係，考量到平衡感，將公司名稱向上移動。發動機也漆成了藍灰色。

前一代的塗裝。可以看出「翹首振翅」和藍灰色的飾帶等現行設計的要素，就是以此塗裝為基礎。駕駛艙和尾翼下方的紅色漸層飾線，作為補色進行點綴。

2000年代流行了一陣子的無塗裝貨機。國泰航空以前也有貨機使用裸機塗裝。

　　以綠色的企業識別色為大眾所熟悉的國泰航空，是來自香港的航空公司。現在的塗裝在2015年登場，深綠色的尾翼畫著以鳥為意象、被稱作「翹首振翅（BRUSH WING）」的書法商標，展現十足的東亞風格。公司名稱用較細的字體，卻全部用大寫清楚顯示，機首部分的「翹首振翅」和在尾翼上的白描不同，反過來用深綠色著墨。窗列下則是和以前一樣，拉出一條淺淺的藍灰色粗飾帶。機身後方則放了以香港為總部的母公司 ── 國際企業集團「太古集團」的商標。

　　前一代塗裝是於1994年登場，當時發表了繼承到現行設計的「翹首振翅」，但整體的調性和現在比起來，給人更加低調的印象。公司名稱雖然全部是大寫，但只有頭文字的「C」和「P」稍微再大一點點作為強調。白色機身的窗列下方包著淺淺的藍灰色飾帶和現行塗裝一樣，但為了強調整體印象，機首也加進深綠色的線條。飾帶的位置會為了設計上的平衡，根據機種進行微調。深綠色飾線在下方加上紅色細線作為點綴，但在末端會以漸層的手法消失，以當時來說是非常特別的設計。另外，這個時代飛行的貨機，大多會以減輕重量為目的，在機身採用無塗裝的裸機型式。

塗裝的重點

尾翼上描繪的圖案是以鳥為意象，翅膀的部分用毛筆來表現。放大觀察的話，可以發現尾翼後方貼了許多圓點來加深色彩。

機首部分有深綠色的「翹首振翅」，公司名稱也一樣用深綠色的大寫，淺藍灰色和深綠色也很搭。

在過去以「香港大迴旋」而知名的啟德機場為據點時期的塗裝，是在1970年採用。在機身畫出一條綠色飾線，機身下方為裸機設計，尾翼上畫著綠色和白色的線條。仔細觀察飾線，前方會帶著曲線延伸到駕駛艙下方，而後方反而是逐漸變細，是一款設計精美的塗裝。當時香港還在英國統治下，正是波音747和洛克希德L-1011三星式的全盛時期，國泰航空將企業識別色定調為綠色，也是在這個時期的事情。用紅色且稍微橫長的字體寫著公司名稱，前方配置了「太古集團」的商標，有些飛機的尾翼上方有英國國旗的米字旗，但是進入1990年代之後，就變成不畫國旗的無國籍風格了。另外，回歸中國前的登記號碼，為了表示英國海外領土的「VR」和代表香港的頭文字「H」，結合成VR-H。

「紅色國泰塗裝」的港龍航空

國泰航空旗下以短距離運輸為主的就是港龍航空，2016年變更名稱為國泰港龍航空。尾翼原本有畫著龍的原創塗裝，但變成國泰航空一份子後，也換上了母公司的企業識別，但顏色是和母公司不一樣的紅色。之前也有飛日本線，但2020年被國泰航空合併，特殊的紅色國泰航空塗裝就在短時間內消失了。

DATA BOX
[所屬國家‧區域]香港　[IATA/ICAO CODE]CX/CPA　[呼號]CATHAY　[主要使用飛機]B777、A350、A330、A320/A321　[主要據點機場]香港機場等　[加盟聯盟]寰宇一家　[創立年]1946年

使用綠色飾線的1970年代塗裝，是由前向後逐漸變細的精緻設計。照片於1992年的香港啟德機場拍攝。

國泰港龍航空的空巴A330，也被稱作「紅色國泰」。英文公司名稱後方接著中文名稱，駕駛艙後方代替「翹首振翅」的是港龍航空的飛龍標誌。

大眾熟悉的水藍底色
大韓航空
Korean Air

　　大韓航空長年以來使用的水藍色基礎色調塗裝，是在1984年登場，也能連結到現在的企業識別。機身前方的公司名稱用的是較深的藍色，「KOREAN」的「O」加入韓國國旗中央也有的「太極」圖案，非常特別。「太極」是由陰陽思想而來，藍色象徵陰、紅色象徵陽。

　　1980年代的航空公司，機身下的塗裝大多以灰色或是裸機為標準，大韓航空卻使用白色也是一大特色。窗列位在白與水藍色的交界處，下方畫著銀色的粗線，可以說是看不膩的設計。引進空巴A380的2011年之後，將公司名稱巨大化，並維持同樣的水藍色塗裝，加強宣傳公司名稱。

　　1984年以前的塗裝，是在白色機身上畫著水藍色和紅色的飾線，機身上半部寫著公司名稱「KOREAN AIR LINES」，尾翼上有紅色的鳥和「KAL」三個英文字。但因為年代久遠的關係，在筆者開始拍攝之前就已經消失了。

　　之後預計會和同為韓國大型航空公司的韓亞航空完成併購，令人非常好奇會不會趁這個機會推出新塗裝。

編註：大韓航空在2024年12月，宣布與韓亞航空完成併購，並於2025年3月公布新塗裝。

DATA BOX
[所屬國家·區域]韓國　[IATA/ICAO CODE]KE/KAL　[呼號]KOREAN AIR　[主要使用飛機]B747、B777、B787、B737、A380、A330、A321、A220　[主要據點機場]首爾仁川機場、首爾金浦機場等　[加盟聯盟]天合聯盟　[創立年]1962年

2010年左右還有許多公司名稱較小的飛機，空巴A300的公司名稱設置在機身中央，道格拉斯DC-10則放在前方，沒有統一性。

塗裝的重點

公司名稱尾端都有加上「頓點」和「上挑」的點綴。機首部分在銀色飾線下方寫著韓文公司名稱。

尾翼和小翼上有象徵韓國的「太極」圖案，周圍有銀色圓框。垂直尾翼的上方有韓國國旗。

以為是蝴蝶但其實是飛機!?
真航空的塗裝

　　作為大韓航空旗下LCC，於2008年啟航的真航空，當初只有小型飛機波音737而已，現在也引進了大型飛機波音777。除了飛日本線之外，也開始飛中距離航線，新冠肺炎疫情之前也有飛航檀香山和澳洲等度假路線。塗裝是以銀色為基礎，從機身下方延伸到尾翼上方漆上黃綠色，特徵是公司名稱「JIN」為紫色，「AIR」則使用水藍色。同樣使用這兩色在尾翼畫上將蝴蝶圖案化的標誌，但仔細觀察卻能發現從中間浮出飛機的外型，是非常優秀的設計。另外，公司商標有「JIN AIR.com」和省略「.com」的版本。

銀色的機身下方是黃綠色。特徵是有稜有角的字體用兩種顏色寫公司名稱（網址）「JINAIR.com」。發動機也有公司名稱和商標，非常豐富熱鬧的設計。

❶塗著黃綠色的機身下方也寫著公司網址，這是航空公司最近的風潮。❷用水藍色和深紫色畫成的商標，是以蝴蝶為原型，仔細看可以發現中間有飛機外型，很符合LCC玩心十足的特色。

101

併入大韓航空的韓國大型航空企業
韓亞航空
Asiana Airlines

在韓國僅次於大韓航空的第二大航空公司，是企業財閥「錦湖韓亞集團」於1988年設立的旗下企業。日本近年來也開始認知到，錦湖輪胎原來就是錦湖韓亞集團旗下企業之一。

啟航時的機身塗裝，是棕色混灰色的樸素色調為底色，塗在機身上半部，中間夾著深藍色的細線，下半部則是接近奶油色的白色。在這個沉穩的底色上用粗體文字寫著品牌名稱「Asiana」，前方的企業識別商標是以穿著民族服飾的人高舉雙手為設計意象，散發出十足的韓國航空風格。尾翼使用韓國傳統文化中被稱作「五方色」的顏色，當中去掉黑色，使用藍、紅、白、黃構成直條飾線，這個部分在整體樸素的色調當中，起到很好的點綴效果。

之後，白色的機身設計成為世界主流，韓亞航空也在2006年變成現在的塗裝。尾翼繼承前一代的淺棕色，加上藍、黃、紅為配色，色彩重疊的地方會微微地變成朱紅色和紫色，成為非常精緻的設計。另外，公司名稱旁邊也加上了錦湖韓亞集團的商標，機身後方也寫上英文「KUMHO ASIANA GROUP」。只是陷入經營危機的韓亞航空，在2019年決定將旗下航空公司一同出售，全數併入大韓航空集團，韓亞航空的現行塗裝可以說是最後一個版本了。

採用第一代塗裝的空巴A330，尾翼和小翼的「五方色」和前方的商標散發著十足的韓式氛圍。

第一代塗裝的尾翼（前排）和現行塗裝的尾翼（後排）。雖然設計上完全不同，但可以看出繼承自同一色系。

DATA BOX
[**所屬國家‧區域**]韓國　[**IATA/ICAO CODE**]OZ/AAR　[**呼號**]ASIANA　[**主要使用飛機**]A380、A350、A330、A320/A321、B777　[**主要據點機場**]首爾仁川機場、首爾金浦機場、釜山機場等　[**加盟聯盟**]星空聯盟→天合聯盟(預定)　[**創立年**]1988年

塗裝的重點

公司名稱是深灰色的粗體字，右上角有錦湖韓亞集團的紅色三角商標（照片為空巴A320）。

仔細觀察尾翼，可以發現除了有藍、黃、紅和淺褐色之外，色彩重疊的區域會變成紫色和朱紅色，很像疊了一層薄布的設計（照片飛機為波音747）。

韓亞航空集團第一間LCC

釜山航空

　　由韓亞航空和釜山市當地企業共同出資設立的LCC，於2008年啟航。為了強調是釜山的航空公司，公司名稱的「AIR」為細體、「BUSAN」為粗體。當初只有簡單地寫著公司名稱，之後追加了「.com」。加入珍珠白的銀色機身，從尾翼到機身後方大大地畫著讓人聯想到釜山市鳥的海鷗圖案，採用水藍色和黃綠色補色，設計得相當時髦。機身下方也塗有黃綠色，後方小小地寫著英文「KUMHO ASIANA GROUP」。

有著流行元素的旗下第二間LCC

首爾航空

　　2016年以首爾為據點啟航的LCC，用翡翠綠和淺灰色作為企業識別色。機身前方用廣告看板風格字體寫著公司名稱，省略掉「A」中間的橫槓，賦予輕巧的印象；「O」比其他文字再寬一些些，有著接近正圓的形狀。這個「A」和「O」的英文字以超出範圍的大小描繪在尾翼上也是特徵之一，兩個文字的重疊部分變成深綠色，除了機身的白色以外，總共還使用了三種顏色。韓國國旗低調地配置在尾翼上方，整體有著流行風格的設計。

103

為什麼要改塗裝？

刷新企業識別的時機

航空公司的企業識別（CI）和機身塗裝，大約會以數年至數十年為一個週期進行變更，那麼究竟會在什麼時機下進行變更呢？

■ 吸收合併

對企業而言，和別的航空公司合而為一的時候，就是至今為止建構的公司風氣和企業文化要大轉變的時期。如果合併型態是弱小企業被巨大企業吸收的話，那就會被整合成集團旗下子公司的一員。如果是對等合併的話，因為公司內部舊組織的強弱關係較為複雜，可能會留下其中某一間航空公司的名字，但不管怎麼說，新公司也會為求轉換心情重新出發而刷新企業識別。

以日本來說，日本航空（JAL）和日本佳速航空（JAS）合併的事情，我至今記憶猶新。日本航空告別長年使用的「鶴丸」標誌，推出尾翼設計被稱作「日之弧」的新塗裝飛機。

另一方面，美國航空在跟全美航空合併的時候，變成現在的塗裝，但是之前與環球航空（TWA）進行巨大合併案時，卻沒有刷新企業識別。和全美航空的合併雖然留下公司名稱，但是美國航空正在申請破產，其實是賭上公司生存的合併案，相較於此，環球航空的場合則是被規模本來就比較大的美國航空吸收，兩者的情況不一樣。達美航空和西北航空合併的時候，雖然刷新了企業識別，但是新的企業識別有著強烈的達美航空色彩，兩間公司的實力差距可見一斑。

■ 引進新飛機

回顧JAL的案例，在引進波音747 Classic、747-400、787的時候，都會配合跟著改變塗裝。ANA現在被稱作「崔頓藍」的塗裝，也是在推出波音767的時候一同更換。像這樣在引進期待可以作為主力機種的新型飛機時，跟著變更塗裝的案例很多，在外資航空公司也一樣。

■ 變更公司名稱

以九州為據點的亞洲天網航空，在2011年引進新品牌「天籟九州航空」（2015年正式變更成公司名稱）的時候也刷新了塗裝。另外從斐濟飛成田機場的斐濟航空，也在從太平洋航空變更成現在的公司名稱時引進新的企業識別。不過就算變更公司名稱或刷新企業識別，有舊公司名稱塗裝的飛機短則半年，長則還會持續飛個2～3年，航空公司到完全確立新品牌為止，需要花點時間也不是什麼太稀奇的事情。

■ 大幅的經營改革和變更經營者

天馬航空將創業時的塗裝變更成現行版的時機點是在最大股東易主，改革派社長就任的時候。這時也把公司名稱從「SKYMARK AIRLINES」變成「SKYMARK」，讓人有經營環境大改變的印象。

印度航空在2023年8月發表了新的企業識別，但這也是新加坡航空出身的新CEO就任後，大刀闊斧進行的改革之一。公司下訂了大量的新飛機，或合併四個航空公司集團等等，藉由變更企業識別，宣傳新生的印度航空。

2002年JAL和JAS進行經營統合，JAL飛機從鶴丸刷新成「日之弧」塗裝。

第3章

外商航空公司
(無直飛日本)
Foreign Airlines (Off Line)

機鼻設計有趣的特色航空公司
維珍航空
Virgin Atlantic Airways

　　遺憾的是已經沒有飛日本航線，但在成田機場也為大眾熟悉的維珍航空，維持了以紅色為基礎的公司商標，但卻比較頻繁變更企業識別。創業者布蘭森（Richard Branson）透過經營維珍唱片公司在音樂業界培養的品味，將維珍航空打造成不單只是帥氣，還將獨特閃耀著光芒的特色塗裝展現在大眾面前。

　　首先是1984年啟航的時候，歐洲白機身加上紅色飾線的波音747-200登場，也有投入成田機場。尾翼上大大地畫著以唱片公司廣為人知的維珍唱片商標，但機身是沒有加上公司名稱的簡潔風格。現在回想起來可能會覺得有點樸素，但當時公司剛開始營運，一切以飛航為優先，也許沒有太多的心思放在塗裝上。

　　到了1990年代，維珍航空打造出設計品味與印象，給人走在時代尖端的風格。新引進的空巴A340，廢棄了被認為有點過時的飾線設計，在機身上寫上灰色的公司名字，搖身一變成高質感的塗裝。

　　接下來變更塗裝是在1999年，一改機身設計，將金屬質感的銀色作為底色，與紅色尾翼的交界處，加上近似於紫色的深藍色粗線，公司名稱也換成粗體的深藍色。2006年登場的塗裝，就是以此為基礎的小改款版本，深藍色的邊框消失，尾翼上的紅色也出現漸層設計。另外，現行尾翼下方的曲線，就是這個時期變更的設計。

　　現行塗裝是於2010年登場，最大的變動是公司名稱變成細的廣告看板風格字體。尾翼和發

1984年啟航時的塗裝。機身上只有飾線，「飛翔的女神」旁小小地寫著「Virgin」，除此之外是沒有公司名稱的簡單設計。

從初代塗裝小改款，取消飾線的設計，公司名稱也變得更有質感。發動機漆上紅色，企業識別給人統一的感覺。

1999年開始的塗裝，特徵是加入了接近紫色的深藍色。機身顏色換成會因為光線角度而有差異的銀灰色，這個時期的小翼上畫有英國米字旗。

2006年的塗裝，深藍色的邊框消失了。尾翼下的紅色飾線變成曲線，尾翼後方有漸層的設計，不過公司名稱持續使用接近紫色的深藍色。

106

塗裝的重點

尾翼和發動機上塗的亮紅色會讓人聯想到昭和時期的口紅，是有點性感的色系。

2010年登場的現行塗裝，採用較細的廣告看板風格。

動機也變成了散發金屬感的紅色，依照光線的強弱不同而閃耀著光芒，是非常高雅的設計。

DATA BOX

[所屬國家・區域]英國　[IATA/ICAO CODE]VS/VIR　[呼號]VIRGIN　[主要使用飛機]A350、A330、B787　[主要據點機場]倫敦希斯洛機場、曼徹斯特機場等　[加盟聯盟]天合聯盟　[創立年]1984年

維珍航空的象徵

「飛翔女神」的機鼻藝術

提到維珍航空，最有名的就是描繪在駕駛艙下方的「飛翔女神」藝術。根據公司表示，在第二次世界大戰期間，描繪在機首的藝術圖案除了作為幸運物之外，也是讓人可以在戰地思念家人的紀念品。所以將知名畫家巴爾加斯（Alberto Vargas，1896～1982）於1940年代在《Esquire君子雜誌》上繪製的海報女郎，也被稱作「巴爾加斯女郎」的圖案畫在機首上。維珍航空用的是畫在轟炸機上，穿著泳衣舉著國旗的金髮美女。當初這個「飛翔女神」是舉著寫上「Virgin」的紅色旗子在天空飛翔，之後旗子變成英國星條旗。近年來因為LGBTQ的意識抬頭，隨著時代變化，也有推出男性和黑人女性版本。這邊就來看看幾個有趣的「飛翔女神」吧。

標準的「飛翔女神」。飛機名稱Miss Moneypenny是在電影《007》系列中常常出現的祕書名字，登記編號為G-VSPY（間諜）。

以前的塗裝除了畫有「飛翔女神」之外，也會記載第一次飛行的年月。公司的飛機名稱也會登錄在網站上。

考量到近年潮流重視人種平等，也出現了黑人女性。飛機以爵士歌手「Billie Holiday」為名，服裝也很像維珍的制服。

近年來飛機的命名方式也和音樂或音樂劇有關。這台名稱為「Purple Man」的飛機就畫上了男生。

這架A350的名稱是以音樂劇《Ruby Slipper》為由來，畫上音樂劇的重點——穿紅鞋的女性。

107

迎接創立100週年但因為戰爭影響而停止飛日本
俄羅斯航空
Aeroflot Russian Airlines

　　俄羅斯航空是在2022年為止，還有用空巴A350飛成田機場的俄羅斯代表性航空公司。AERO指的是「航空」、FLOT則是指「艦隊」的俄羅斯語。俄羅斯航空從舊蘇聯時代就開始經營，歷史悠久，2023年迎接100週年。舊蘇聯沒有民營航空公司，廣大的國土都只有國營俄羅

2000～2020年飛成田機場時的設計，銀色機身上飛舞著俄國國旗。跟現行設計比較起來，公司名稱比較小，公司名稱下方有公司商標和「Russian Airlines」的英文。

1990年代前期作為測試塗裝登場，空巴A310上漆在著由明亮的藍、紅、白構成的塗裝，象徵著俄羅斯的國旗。公司名稱也用粗體的紅色和藍色字體，給人時髦的印象，但沒有變成正式塗裝。

1998年的時候，塗在波音737-400的塗裝。藍色飾線和公司名稱維持和舊款一樣，發動機和尾翼有著現代藝術般的大膽設計，讓人感受到俄羅斯航空與俄羅斯的變化，但這個版本最後也沒有被正式採用。

俄羅斯航空也有引進過中古道格拉斯DC-10貨機。舊款的設計加上橘色飾線，以槌子和鐮刀的商標及「CARGO」字樣作為點綴，也曾飛來成田機場。

俄羅斯航空的最新塗裝，趁著2021年引進空巴A350時一起推出。描繪在小翼外側和尾翼上的俄羅斯國旗，以漸層的方式表現出動感。

斯航空在運輸。除了定期航班之外，還要用小型螺旋槳飛機灑農藥、用直昇機緊急運輸病患，有的還要用貨機進行與軍方有關的輸送任務，所以也被金氏世界紀錄認定飛機和員工數量是世界最多的航空公司。

在蘇聯解體前的1991年，擁有超過一萬架的飛機，而且其中大多是蘇聯製，可以說有多種多樣的面貌。

還是社會主義制度的舊蘇聯時代，並沒有服務的概念，機身塗裝也只有在白色機身上畫著深藍色的飾線和公司名稱等沒什麼特色的設計，但是1991年蘇聯解體後，事態驟然發生轉變。為了和西方國家競爭，陸續引進了空巴和波音的飛機，還受到構成蘇聯的各共和國獨立的影響，俄羅斯航空也大約被分割成80間民營公司。

和以前相比，俄羅斯航空的事業規模雖然大幅縮小，但是從社會主義到自由主義和資本主義的大轉換中，也開始追求高質感的服務和企業識別，塗裝也漸漸出現了時髦的設計，最後終於由英國的企業形象設計公司IDENTICA擔任設計。到了2000年代，發表了以銀色機身為基礎的塗裝，成為全世界也通用的洗練設計。機身塗裝設計雖然也能反映從社會主義到自由主義的變遷，但可能是社會主義的影響，或是以俄羅斯和東歐的顧客為主的關係，以英文發表的官方資料極少，即便到了網路時代，塗裝和設計資料也還是有很多不明之處。因此遺憾的是難以判斷設計概念確實登場的年月，無法詳細進行解說。

俄羅斯航空長年有飛成田～莫斯科的航線，

隨著羽田機場國際化，2020年夏季開始將東京線的機場轉到羽田機場。2020年也開始投入塗裝小改款後的空巴A350。只是因為新冠肺炎疫情擴大，改飛羽田機場沒多久就被迫減班，加上2022年2月侵略烏克蘭之後，自己也順勢就停飛日本。只能在短暫的一個時期看見新塗裝，不知道什麼時候才有辦法再次於日本看到俄羅斯航空的身影。

DATA BOX

[所屬國家‧區域] 俄羅斯　[IATA/ICAO CODE] SU/AFL　[呼號] AEROFLOT　[主要使用飛機] A350、A330、A320/A321、B777、B737、MS-21、SSJ100　[主要據點機場] 莫斯科‧謝列梅捷沃機場、葉梅利亞諾夫機場等　[加盟聯盟] 天合聯盟　[創立年] 1923年（以俄羅斯國家航空公司「俄羅斯志願航空隊協會（Dobrolyot）」算起）

從蘇聯體制轉換成俄羅斯的1990年代塗裝。俄羅斯航空的公司名稱及槌子和鐮刀的標誌維持不變，後方加入了「RUSSIAN INTERNATIONAL AIRLINES」的英文，尾翼畫上俄羅斯國旗。

舊蘇聯時代的俄羅斯航空，會用伊留申IL-62飛成田機場。沿著窗戶畫著飾線，尾翼畫著金色鐮刀、槌子和星星的蘇聯國旗，是社會主義國家風格十足的塗裝。

為了在下雪時也能清楚辨識，俄羅斯航空開始對貨機採用被稱作「極地塗裝（Polar Color）」的紅色飾線塗裝機。照片是伊留申IL-76。

大膽洗練的秀逸塗裝
TAP葡萄牙航空
TAP Air Portugal

時髦且美麗的葡萄牙國家航空公司──TPA葡萄牙航空，以白色為基礎，機身前方寫著「TAP」三個英文字的現行塗裝是於2005年登場。這時也將持續用到1979年的英文公司名稱「TAP AIR PORTUGAL」變更成「TAP PORTUGAL」，但是很快地在2017年又變回「TAP AIR PORTUGAL」了。

葡萄牙的國旗色是綠色和紅色，綠色象徵誠實和希望，紅色象徵葡萄牙人航向大海發現新世界，血液中的冒險精神。TAP葡萄牙航空的塗裝就用綠色和紅色重疊起來寫著「TAP」三個英文字，顏色重疊的部分會變深，所以TAP就用了黃綠、綠、紅、深紅共四種顏色構成。

尾翼上的紅色「P」有著超出範圍的嶄新設計，由下往上直式寫著公司名稱也是其他航空公司少見的特殊手法。葡萄牙人從1500年代開始就到訪過日本，持續在世界各地冒險，TAP葡萄牙航空不拘泥於常識的塗裝，則寄託著在大航海時代活躍的葡萄牙人其大膽魄力與冒險精神。

塗裝的重點

公司名稱「TAP」三個字重疊，以深淺不同的四種綠色和紅色構成（照片為A330）。

尾翼上的公司名稱只有「AIR」為粗體。這邊也使用了白色以外的四種顏色，讓「TAP」三個英文字成為直接超出範圍的大膽設計（照片為A330）。

DATA BOX

[所屬國家・區域]葡萄牙　[IATA/ICAO CODE]TP/TAP　[呼號]AIR PORTUGAL　[主要使用飛機]A330、A319/A320/A321　[主要據點機場]里斯本機場、波多機場等　[加盟聯盟]星空聯盟　[創立年]1945年

變更公司名稱前的塗裝。設計主要架構不變，機體上的公司名稱只有「PORTUGAL」，尾翼上也變成「TAP PORTUGAL」。

2005年為止的設計被稱作「冰上曲棍球杆」風格，飾線從機身延伸到尾翼。一樣採用國旗色作為企業識別色。

嶄新又大膽的直條紋新塗裝
神鷹航空
Condor

德國包含航空公司在內，不免給人嚴肅的印象。神鷹航空儘管身為德國的航空公司，卻突然在2022年發表嶄新的直條紋企業識別，讓航空業界和飛機迷驚訝不已。筆者執筆此書的時候（2024年初期）已經登場了五種顏色，分別是：「太陽的黃色」、「島的綠色」、「海的藍色」、「熱情的紅色」以及「沙灘的黃沙色」。這種多彩的條紋設計通常會在棒棒糖、海灘陽傘或是冰淇淋店看到，出現在機場時非常醒目。

通常為了清晰辨識公司名稱，會刻意加上外框等處理，但神鷹航空以直條紋為優先，也不太在意公司名稱辨識度的樣子。尾翼上方只有小小的公司商標。不是用公司名稱，而是打算用流行的塗裝設計來提升神鷹航空的知名度。

以結果來說在歐洲造成話題，筆者也甚至為了拍這個塗裝而出門旅遊，那換塗裝的目的可以說是成功了。濕租的飛機雖然只有不上不下地在尾翼上做條紋設計，但現在絕對是歐洲最搶眼的塗裝。神鷹航空以飛西班牙為首，有許多飛度假區的航班，流行且有趣的塗裝設計也非常適合企業形象。

塗裝的重點

直條紋的塗裝在機身下方繞一圈。公司名稱本身不太醒目，可能算是特別的塗裝。

紅色的直條紋象徵著熱情，但總是讓人聯想到海蛇。

綠色的塗裝象徵小島，商標低調地畫在尾翼上方和駕駛艙後方。

比較容易看到公司名稱的是黃條紋版，神鷹航空的企業識別色本來就是黃色。尾翼的商標下方寫著小小的「est.1956（創立於1956年）」。

部分飛機只有在尾翼才有直條紋，變成不上不下的半調子塗裝。

DATA BOX
[所屬國家・區域]德國　[IATA/ICAO CODE]DE/CFG　[呼號]CONDOR　[主要使用飛機]B767、B757、A330、A320/A321　[主要據點機場]法蘭克福機場、杜塞道夫機場、漢堡機場等　[加盟聯盟]無加盟　[創立年]1955年

尾翼閃耀著太陽的衝擊塗裝
太陽城航空
Sun Country Airlines

尾翼設計有著「S」字的日暈圖案，引人注目。小翼外側和機身後方的藍色上畫了如同等高線似的複雜圖案。

　　太陽城航空為美國的小型航空公司，長年持續營運。現在的塗裝雖然不能說是帥氣，卻相當顯眼，在機場也很醒目。顏色種類雖然不多，但仔細觀察卻能看出細膩的圖案，算是非常精緻的設計。機身前方使用華麗的橘色，看到逐漸靠近的飛機會在視覺上帶來極大的衝擊，相互對照下來，尾翼和機身後方則使用深藍色，中間夾著白色曲線，一改整體風格。

　　尾翼的日暈圖案中的「S」閃耀著光輝，這是長年沿用下來的設計。另外，機身下方有等高線的圖案。這個塗裝於2018年登場，因為類似美國寶僑公司（P&G）的洗衣劑包裝，所以被稱為「Tide Pod」（臺灣也有販售）。

　　前一代塗裝和現在一樣使用藍和橘的企業識別色，特徵是用兩代前的塗裝進行小改款，公司名稱變得更加簡潔，不過只從2016年啟用2年而已。2001年登場的前兩代塗裝，在尾翼和機身前方都有日暈圖案，粗斜的公司名稱是易於判讀和親近的字體。第三代以前則形象完全不同，使用的是紅和橘的企業識別，但當時以包機為主，和現在的事業形態不太一樣。

2016〜2018年的塗裝，是歷代最簡潔的版本。藍色調非常美麗，雖然公司名稱清晰可辨，但少了一點趣味和個性。

2001〜2006年的塗裝，機身前的日暈圖案給人強烈印象，公司名稱字體也變粗，更具個性化。深藍和橘色的尾翼也有強烈的主張。

1996〜2001年的塗裝，公司名稱沿著斜斜的飾線配置，尾翼設計變得較為低調沉穩，當時是以DC-10的包機航班為主要營運項目。

1983〜1996年用紅、橘、黃來象徵公司名「太陽之國」。現在可能有點老氣，但當時的廣告看板風格字體讓人印象深刻。

DATA BOX
[所屬國家·區域]美國　[IATA/ICAO CODE]SY/SCX　[呼號]SUN COUNTRY　[主要使用飛機]B737　[主要據點機場]明尼亞波利斯機場、拉斯維加斯機場等　[加盟聯盟]無加盟　[創立年]1982年

世界都當作範本的美國巨大LCC

西南航空
Southwest Airlines

全部只採用波音737構成機隊，持有飛機數量超過700架以上的美國超大型LCC —— 西南航空，1971年啟航的時候就及早確立以廉價航空為武器的商業模式，現在已經是全世界LCC的範本了。

另一方面，以日本人的品味或常識來看，這個塗裝實在是很難讓人有簡潔高雅的感覺。由於總公司設置在沙漠地帶的德州，可以理解為什麼使用被稱作「沙漠金」的配色，嘴巴比較刻薄的人甚至說像是「小孩的大便」。使用其他公司少見的土黃色和深淺不同的橘色搭配組合，公司名稱只寫在尾翼上，在還沒有LCC概念的時代，以想要提升存在感的中小型航空公司塗裝來說，的確是有點樸素過頭，但這個塗裝也維持了大約30年。

2001年終於發表了最新的企業識別。為了象徵亞利桑那州和加州豐富的溪谷河川，所採用的鮮豔藍色被命名為「溪谷藍」。主要色系雖然從土黃色變成藍色，但機身下方依舊描繪著橘色曲線。沒有在機身加入公司名稱的簡潔設計依舊不變。

2014年大幅改變基本設計理念而登場的是「愛心塗裝」。黃色和橘色整合到尾翼周圍，藍色的機身終於加上「Southwest」的廣告看板風格字體，尾翼的公司名稱則消失了。

塗裝的重點

現行塗裝的公司名稱終於換成現在流行的廣告看板風格，和以前對照起來，鮮明的藍、黃、橘有著讓人眼睛睜不開的華麗感。

整合成黃色和橘色的尾翼，上面的公司名稱消失了。

DATA BOX

[所屬國家·區域]美國　[IATA/ICAO CODE]WN/SWA　[呼號]SOUTHWEST　[主要使用飛機]B737　[主要據點機場]達拉斯愛田機場、洛杉磯機場等、拉斯維加斯機場等　[加盟聯盟]無加盟　[創立年]1967年（以AIR SOUTHWEST算起）

❶啟航後的30年間，都是這個機身沒有公司名稱的塗裝。基礎色系雖然說是「金色」，但實際上更接近土黃色，是其他航空公司不太使用的色系，已經變成西南航空的慣例。❷第二代的塗裝將基礎色的土黃色大幅轉變成藍色。和橘色有著強烈的對比，公司名稱依舊只配置在尾翼上。

113

賦予強烈衝擊的尾翼設計
阿拉斯加航空
Alaska Airlines

尾翼上以滿版男性插畫而知名的阿拉斯加航空，是美國的中型航空公司。插畫是以阿拉斯加的原住民愛斯基摩人為主題，1970年代開始就出現在尾翼上，有許多人猜測是以某個特定人物作為樣板，但其實不是。

反覆進行小改款後，現行塗裝於2015年發表，由品牌設計公司Hornall Anderson擔任設計。基本上沿襲原有的企業識別，機身前方用特殊字體描繪而成的公司名稱，讓人聯想到阿拉斯加的文化。尾翼用著比以前更加明亮的深藍色企業識別色為基礎，加上愛斯基摩人的微笑，輔色選用黃綠色、水藍色、藍色、淡紫色畫成圓圈作為點綴，設計洗練簡潔。

看公司名稱就能顧名思義，是以阿拉斯加地區為主的航空公司，但本公司和主要基地位於西雅圖，也將航線網絡拓展到美國西岸，還有炎熱的墨西哥和夏威夷，愛斯基摩大叔也會飛到南國度假。用肖像畫作為企業識別的公司非常少，到了西雅圖機場後發現「停著一堆大叔臉的飛機」而驚訝的外國人還不少。具有衝擊性的塗裝，也許是展現公司存在感的優秀戰略也說不一定。

塗裝的重點

機身前方寫著「Alaska」商標，採用斜體且但有一點圓弧。「A」和「K」的文字是稍微突出的原創設計。

DATA BOX
[所屬國家·區域]美國　[IATA/ICAO CODE]AS/ASA　[呼號]ALASKA　[主要使用飛機]B737　[主要據點機場]西雅圖·塔科馬機場、安克拉治機場、洛杉磯機場等　[加盟聯盟]寰宇一家　[創立年]1932年（以McGee Airways算起）

在西雅圖·塔科馬機場一字排開的「大叔」尾翼。看不習慣阿拉斯加航空的人，可能會心想「這大叔是誰？」「這是哪間航空公司？」

2015年為止的塗裝，商標做了細微變更，尾翼上的大叔依舊健在。白色機身上用了比現在更深的藍色和綠色細線。

1990年代的塗裝，可以看出尾翼的插畫和企業識別色是從這個時候開始延續下來。

以南美大陸整體拓展航線的航空公司
LATAM智利南美航空

LATAM Airlines

　　1989年民營化的智利國家航空（LAN Chile），是代表智利的航空公司，企業識別色是用國旗色的白、深藍、紅以及國旗上的星星作為商標。LAN是象徵國營航空公司的「Línea Aérea Nacional」的頭文字，隨著民營化之後，變成「Latin American Network」。現在回顧那個時期，不單只是智利一個國家，也可以說是包含拉丁美洲的航空公司所踏出的第一步。

　　到了1990年代後期，色系維持一樣，機身上方為藍色、下方為白色的現代設計登場。將深色配置在機身上半部的設計，在當時還很稀有，作為補色也加上了銀色，還有紅色的半月形曲線作為點綴，給人嶄新的印象。

　　2004年和LAN Perú、LAN Ecuador、LAN Dominicana等品牌合併，從LAN Chile變成LAN Airlines，強化拉丁美洲地區整體的航線。這時塗裝流行的是白色機身加上廣告看板風格字體，用紫色取代銀色作為補色，無國籍風格的設計也給人不錯的感覺。

　　接下來在2010年遇到事業環境發生劇烈變化，買下巴西最大的TAM巴西天馬航空，2012年合併，新的公司名稱為LATAM智利南美航空。並且配合推出用LAN的深藍和TAM的紅融合而成的新企業識別，值得注意的是紅藍緞帶商標是以南美大陸的外型為基礎，不單放在公司名稱旁邊，也畫在尾翼上。

塗裝的重點

將航線網絡拓展到南美整體的LATAM，仔細觀察公司名稱旁的商標，可以發現是以南美大陸的形狀為靈感。

DATA BOX

[**所屬國家・區域**]智利　[**IATA/ICAO CODE**]LA/LAN　[**呼號**]LAN CHILE　[**主要使用飛機**]B787、B777、B767、A319/A320/A321　[**主要據點機場**]聖地牙哥機場、聖保羅・瓜魯柳斯機場、荷黑・查維茲機場等　[**加盟聯盟**]無加盟　[**創立年**]1929年（以Línea Aeropostal Santiago-Arica算起）

機身上大大地畫著有稜角的「LAN」，尾翼上有象徵智利國旗的星星，用漸層的方式往上漸漸消失，算是無國籍風格的設計。

LAN智利的最終塗裝。「CHILE」的文字是銀色，尾翼上的星星也用漸層手法處理，上方也漆著銀色，相當精緻。

到1990代中期的塗裝，白色機身有藍色和紅色的飾線。包含星星標誌，相當接近智利國旗的印象。

被吸收合併的TAM最終塗裝。雖然是以紅色為基礎，但也使用藍色當補色，紅色的企業識別色在合併後，也繼承了下來。

115

動物的身影不單單只在尾翼上，小翼內側也有。駕駛艙下方會記載動物的種類和名字，這一架飛機寫的是「JoJo THE GRIZLY BEAR（灰熊JoJo）」。廣告看板風格公司名稱的「F」也是公司的商標。

「棲息在尾翼上」的野生動物們
邊疆航空
Frontier Airlines

　　舊邊疆航空是在1986年倒閉的美國知名航空公司，現在的邊疆航空是在1994年用同一個公司名字復活的LCC，近年來甚至自稱為ULCC（極低成本航空）。由於是重視提供破盤價運費的ULCC，關於服務面的評價不能說有多好，但以狂野西部為意象的塗裝卻非常特別。

　　最大的特徵是寫實地把野生動物描繪在尾翼上，而且每架飛機都有不同的種類。2024年初期的現在，公司持有的飛機數量（空巴A320/A321）大約為140架，有多少架飛機就有多少隻動物。駕駛艙下方還有各機的暱稱和動物名字、種類，這點也很有趣。

　　公司的官方網站也準備了特別頁面，將尾翼上的動物分成「瀕危物種類」、「海洋動物」、「陸地動物」、「天空動物（鳥）」，對每個動物的特徵進行解說，並且記載畫在哪一架飛機上。筆者自己以前也拍過邊疆航空尾翼上的野生動物們，因為公司在全美各地都有樞紐機場，要遇到所有飛機非常困難，這邊就來看看一部分的收藏吧。

DATA BOX
[所屬國家·區域]美國　[IATA/ICAO CODE]F9/FFT　[呼號]FRONTIER FLIGHT　[主要使用飛機]A320/A321　[主要據點機場]丹佛機場、邁阿密機場、費城機場等　[加盟聯盟]無加盟　[創立年]1994年

登記編號為N311FR的A320neo，海豚圖案的水也表現得非常寫實。首航是2017年。

列為瀕危物種的角鵰，是分布於美洲中部到南美的大型猛禽類，翅展可達2公尺。飛機是A321neo（N619FR）。

被稱作白靈熊的柯莫德熊白熊，棲息於加拿大西部到阿拉斯加。飛機是A320neo（N366FR）。

描繪著海龜圖案的飛機，是登記編號為N316FR的A320neo。用深藍色到亮藍色的漸層表現出海水深度也非常美麗。

白尾鹿顧名思義尾巴是白色的，廣泛分布於北美大陸。畫在登記編號為N301FR的A320neo。

A320neo（N383FR）上的是美國紅狼，以北卡羅來納州為中心，棲息在墨西哥灣附近。雖然不是瀕危物種，但數量在減少中。

A321neo（N607FR）畫著看起來非常兇暴的大白鯊，是知名電影《大白鯊》的主角，也曾經襲擊過人。

A320neo（N332FR）上畫的是吃樹木果實的花栗鼠，非常可愛。除了美國之外，也有棲息在北海道。

A320neo（N393FR）描繪的是內華達山脈的赤狐。顧名思義是毛色帶點紅色的大型狐狸，數量逐漸減少中。

上面畫著可愛白鼬的A320neo（N339FR）。除了北美和歐洲，也棲息在日本北海道、東北、中部地區，冬天的毛色是白色，夏天則變成褐色。

畫著海鷗的A320neo（N350FR）。除了極地地區沒有以外，棲息在全世界的海洋和內陸水域，是日本也非常熟悉的鳥類。

棲息在北美大陸北部和北極圈的北極熊，恐怕會被列入瀕危物種。畫在A320neo（N353FR）。

新塗裝登場也保有多種設計
捷藍航空
JetBlue Airways

2023年發表新塗裝的捷藍航空，啟航以來就維持著一貫的白色機身和藍色尾翼。不同的飛機會有不同的尾翼塗裝，多樣化的設計也讓觀賞成為一種樂趣，但是新版卻變成完全相反的配色，在藍色機身上漆著白色的公司名稱。

最一開始使用在空巴A321上，機身後方加入了公司常用的點綴色彩：薄荷色（加上淡藍色的綠色）、白色、水藍色、深藍色，採用隨機分散的設計，洗練的印象比舊款更具強烈的視覺衝擊。另外，如果只看前方藍底白描的大型公司名稱的話，印象會和競爭對手西南航空重

新塗裝一號機空巴A321，整身藍色的機身在擠滿大型航空公司的美國機場也非常鶴立雞群。這架使用薄荷色的飛機名字為「M*I*N*T」。

以前的塗裝是以白色為基調，機身下方漆著深藍色，公司名稱使用大型廣告看板字體，發動機寫著公司網址的典雅設計。尾翼也有好幾種不同的設計。

初代塗裝。公司名稱小小地寫在窗戶上方，「jet」的文字顏色是低調的灰色。「jet」為小寫、「Blue」僅「B」用大寫，是該公司的堅持，就算改變塗裝，這點也維持不變。

塗裝的重點

新塗裝二號機的空巴A320,以深藍色為基礎色系,畫上許多水藍色和白色的圓圈,用橘色作為輔色進行點綴,令人期待究竟會有多少種設計。

公司名稱字體雖然和舊款一樣,但稍微變粗,變得更加顯眼。二號機的名字為「Forever Blue」。

疊。從過去沿用而來的舊款塗裝設計,公司名稱「jetBlue」只有「B」用大寫。在小翼上配置薄荷色作為點綴,機身下方也加入了公司名稱,整體變成強化宣傳品牌效果的塗裝。

接下來登場的空巴A320,機身後方變成好幾個圓圈重疊的複雜花樣,使用白色加上水藍色,以橘色畫龍點睛。還有稱作氣球的魚鱗狀設計登場,採用粉紅色作為補色。

即便刷新塗裝,尾翼附近的多樣化設計理念依舊健在,可以期待之後推出新的類型。觀賞捷藍航空塗裝帶來的樂趣,應該還可以繼續下去。

從飛機名字看出對藍色的堅持

捷藍航空會為所有飛機命名(暱稱),有一部分寫的是創業者的名字和金句,但大部分的飛機都用跟藍色(BLUE)有關的單字取名。有將歌詞的某一部分換成藍色,也有賣弄英文雙關語等設計,非常特別。舉其中一個作為例子,登記編號為N2084J的飛機名稱,就是將「Can You Believe!?(你能相信嗎?)」換成「Can You Bluelive!?」新塗裝的A321就將命名主題換成薄荷,官方網站有各架飛機的介紹。

DATA BOX
[所屬國家・區域]美國　[IATA/ICAO CODE]B6/JBU　[呼號]JETBLUE　[主要使用飛機]A320/A321、A220、E190　[主要據點機場]紐約・JFK機場、波士頓機場、洛杉磯機場等　[加盟聯盟]無加盟　[創立年]1998年

加勒比風格十足的鮮艷美麗塗裝
加勒比航空
Caribbean Airlines

　　南方的航空公司大多使用華麗的配色，有著鮮豔美麗的塗裝，加勒比航空就是其中之一，是由千里達及托巴哥共和國的BWIA（British West Indies Airways）和牙買加的牙買加航空合併後於2006年誕生的航空公司。兩間公司在合併之前的塗裝就特色十足，成為新公司之後，也用熱帶地區的鳥類點綴在機身上，讓人看得賞心悅目。

　　舊BWIA長年以加勒比綠、黃色、土黃色為企業識別色進行飛航，合併前的最終塗裝是以加勒比綠為基礎色系，加上千里達及托巴哥的知名樂器「鋼鼓」。但如果不知道鋼鼓是什麼的話，看起來就像是蓮藕的奇妙塗裝。

　　另一方面，舊牙買加航空則是用美麗的彩虹色，並且在尾翼畫上鳥類商標。這個概念在合併後也被繼承下來，尾翼上有著寫實且鮮豔的牙買加國鳥 ── 蜂鳥。這個塗裝有著十足的南國風情，是非常優秀的設計，不過目前也發表了以粉紅色為基礎色調的新塗裝。

塗裝的重點

尾翼上畫著寫實的蜂鳥，色彩如此豐富的塗裝相當稀少。登記編號旁邊畫著千里達及托巴哥和牙買加的國旗。

DATA BOX
[所屬國家・區域] 千里達及托巴哥共和國　[IATA/ICAO CODE] BW/BWA　[呼號] CARIBBEAN　[主要使用飛機] B737、ATR　[主要據點機場] 皮亞爾科機場、京斯敦機場等　[加盟聯盟] 無加盟　[創立年] 2006年

BWIA最終塗裝是將象徵鋼鼓的插畫設置在尾翼和機身前方，就算不知道鋼鼓是什麼，也令人留下深刻的印象。

長年使用彩虹色作為塗裝的牙買加航空，最終塗裝前方有黃、橘、粉紅、藍的曲線向機尾延伸，尾翼畫著令人聯想到蜂鳥的圖案。

「印度洋的珍珠」熱帶風情十足的設計
塞席爾航空
Air Seychelles

塞席爾被稱作「印度洋的珍珠」。由115個島嶼組成的共和國，面積大約只有455平方公里，但卻是以度假勝地聞名的島國。

塞席爾航空就是該國代表性的航空公司，飛機塗裝的特徵是有著南國風情的美麗設計。機身前方用小寫寫著「airseychelles」，用不同深淺的清爽藍色構成「air」和「seychelles」令人印象深刻，下方是五種顏色所構成的鮮豔國旗，同時寫著英文「Flying the Creole Spirit」，這是表現住在塞席爾的克里奧人（歐洲人和非洲人的混血）的驕傲。另外在發動機整流罩、小翼以及尾翼上都畫有塞席爾知名的白玄鷗。為知名觀光地區的鳥島，每年會有200萬隻鳥聚集，以「鳥的樂園」而聞名，光是在機場看到這個優秀的熱帶設計，就會勾起人們的興趣或是讓人想像南國風情。

塞席爾航空是在1978年開始營運，為了吸引來自歐洲的觀光客，1983年開啟了倫敦航線和法蘭克福航線。但是要單打獨鬥拓展事業規模還是有極限，2012年開始成為阿提哈德航空集團的一員，一部分的飛機以濕租的方式飛航。

塗裝的重點

色彩豐富的塞席爾國旗和「Flying the Creole Spirit」的副標，全部都是小寫文字的柔和字體，不過度主張自己的設計感覺輕鬆爽朗。

尾翼有水藍色、藍色、綠色、黃綠色、紅色，色彩非常豐富，使用兩種深淺的紅色部分畫著花之外，黃綠色裡面也有植物的葉子，水藍色有著手繪筆觸，非常時髦。

另外，這一頁照片的空巴A330已經退役，現在飛行的是A320。

DATA BOX
[所屬國家・區域] 塞席爾　[IATA/ICAO CODE] HM/SEY
[呼號] SEYCHELLES　[主要使用飛機] A320、DHC-6　[主要據點機場] 塞席爾機場等　[加盟聯盟] 香草聯盟　[創立年] 1977年

1980年代到2013年為止使用的企業識別是以白色為基礎，加上紅色和綠色的企業識別色，從尾翼延伸到機身的斜線從機身下半段開始直接攔腰截斷，在當時算是嶄新的設計。

公司名稱和塗裝都反反覆覆？
沙烏地阿拉伯航空
Saudia

將1972～1996年使用過的設計復活的2023年塗裝，飾線配置在窗列下方變得更加顯眼是最大的差異之處，商標和公司名稱字體也有小改款。

代表沙烏地阿拉伯的沙烏地阿拉伯航空在2023年發表復古塗裝，白色為基礎配色的機身，窗列下方畫著黃綠、深綠、白的細線與深藍、水藍的飾線，但是這個塗裝不僅僅是復古塗裝，其實也是新的塗裝。究竟是怎麼一回事呢？

如同一開始的說明是復古塗裝，這個配色和1972～1996年間使用的塗裝設計幾乎一樣。不同的地方是過去畫在窗列上的飾線到了2023年移動到了窗列下方，變得更加時尚醒目。公司名稱的字體和尾翼上的商標也進行小改款，整體的確可以說是重現了當年的設計沒錯，然後沙烏地阿拉伯航空就直接將其作為正式塗裝復活。至今為止雖然有因為新塗裝獲得惡評而停止使用的案例，但正式將企業識別回歸舊設計的航空公司卻是前所未見。

其實這間航空公司不單單只是塗裝，連公司名稱也反反覆覆，1945年以沙烏地阿拉伯航空公司的名稱創立，1972年變更成Saudia。2023年的設計和商標就是仿效這個時期。之後在1997年又再度變回沙烏地阿拉伯航空，然後Saudia的名字又在2012年復活。尾翼採用源自於沙烏地阿拉伯國旗色的深綠色就是從1972年開始的設計，業界也戲稱為是「回到未來」，但2023年的設計其實非常適合新銳機種波音787。

2023年為止的塗裝是讓人聯想到沙烏地阿拉伯沙漠的奶油色，令人印象深刻，尾翼上用劍和椰子樹構成的商標也是很有沙烏地阿拉伯風格的設計。

1997年開始的塗裝，公司名稱是沙烏地阿拉伯航空的時代（Saudi Arabian），尾翼上的商標也用美麗的漸層手法來表現。

1972年引進的塗裝，除了照片上的洛克希德L-1011之外，也用在波音737和747。除了飾線位置之外，其他幾乎都和現行塗裝一樣。

DATA BOX
[所屬國家‧區域]沙烏地阿拉伯　[IATA/ICAO CODE]SV/SVA　[呼號]SAUDIA　[主要使用飛機]B747、B777、B787、A330、A320/A321　[主要據點機場]吉達機場等　[加盟聯盟]天合聯盟　[創立年]1945年

閃耀著金色光輝的獵鷹是財富與權力的象徵
海灣航空
Gulf Air

對於阿拉伯的富裕階層來說，飼養獵鷹是一種地位的象徵，從以前就用金色獵鷹作為商標的就是巴林的國家航空公司──海灣航空。

1970年代的尾翼上只有小小的獵鷹，但是由品牌顧問公司Saffron Brand Consultants於2018年設計的現行塗裝，變成在尾翼畫上以奶油色為基礎色系、展翅高飛的黃金獵鷹。採用最近的流行，發動機也漆上了金色，白色的機身用廣告看板風格的字體漆著公司名稱「GULF AIR」。

前一代的塗裝是特別強調金色的個性設計，於2003年登場。操刀這個被稱作「黃金塗裝」的設計公司是大家所熟悉的Landor Associates。尾翼的獵鷹加上陰影，散發著捕食獵物的躍動感，相當完美地傳達出喜歡金色的中東印象，以異國風情散發出強烈的視覺衝擊。

但可能是因為這個很花功夫的設計在塗裝作業時也很辛苦，所以出現了尾翼上少了某些顏色，或是機身主色系不是金色而是土黃色的飛機。因此也趁著波音787交機的時候，慢慢地變更成現在的塗裝。

塗裝的重點

畫在尾翼上的黃金獵鷹，與其說是商標，給人的印象倒不如說是寫實插畫。

前一代的「黃金塗裝」，海灣航空本來是中東各國共同經營的航空公司，UAE的阿聯酋航空和阿提哈德航空等各國相繼設立自己的航空公司之後，以變成巴林單獨經營的體制為契機，推出這個使用白、金、深藍的塗裝。

2000年推出紀念海灣航空創業50週年的特別塗裝機，照片上使用深藍和金色塗裝的飛機是波音767，其他還存在使用類似的設計，但顏色換成紅和金的空巴A330以及銀色和金屬藍的A340。

DATA BOX
[所屬國家・區域]巴林　[IATA/ICAO CODE]GF/GFA　[呼號]GULF AIR　[主要使用飛機]B787、A320/A321　[主要據點機場]巴林機場等　[加盟聯盟]無加盟　[創立年]1950年

不惜成本打造寫實且複雜的設計
皇家約旦航空
Royal Jordanian Airlines

位於中東的約旦哈希米王國的國家航空公司——皇家約旦航空。1986年登場後持續使用到現在的塗裝，特徵是隨著光線狀態的不同，看起來像是深灰色也像是深褐色的神祕色系。因為沒有飛日本的定期航班，偶爾有特別班機飛來的話，散發著異國風情的塗裝會讓想要一睹風采的飛機迷們擠滿機場。

機身以下半是白色，上半是碳灰色的雙色系為基礎色調，碳灰色的部分加入了紅色和金色的細線。尾翼雖然也是碳灰色，但稍微做了一點深淺差異，並畫上有如鋸齒狀的花紋。由於那年代不像現在可以用貼紙進行複雜的設計，可以說是非常花工夫的塗裝。尾翼上鎮座的是王國風格十足的皇冠標誌，這頂皇冠有著利用陰影來表現光輝的寫實設計，尾翼上方以紅色當作補色進行點綴也是非常優秀的手法，是一種沒有前例、獨創性豐富的企業識別。

另外，近年來將紅色作為補色漆在小翼和發動機上方（以前的發動機是白色），機身前方加上網址也可以說是順應時代潮流吧。公司名稱字體也是類似於「Stockholm LP Regular」的書寫體，同時寫著英文和阿拉伯文，散發著高級感兼異國風情的約旦特色。

塗裝的重點

公司名稱全部用英文大寫，「R」和「O」、「L」和「J」彼此連在一起的原創字體，也散發出手寫的氛圍，是特徵十足的書寫體。

值得關注的是尾翼上皇冠的細膩設計，向前延伸的銳利三角形藉由不同深淺的灰色層層排列，也是很精緻的設計。在1980年代被稱作是「最細膩的設計」。以前如同照片一樣，紅色的補色是水平飾線，現在則變成曲線。

DATA BOX
[所屬國家·區域]約旦　[IATA/ICAO CODE]RJ/RJA　[呼號]JORDANIAN　[主要使用飛機]B787、A319/A320/A321、E175/195　[主要據點機場]阿麗亞王后機場等　[加盟聯盟]寰宇一家　[創立年]1963年

過去飛航過的空巴A330，在小翼上也有紅色的補色和皇冠標誌。

倍感懷念的名塗裝在世界各地陸續復活

復古塗裝機的流行

　　近年來在世界各地航空公司流行起來的就是復古塗裝機。在現役機種上施以過去的塗裝，以特別塗裝復活，既可以宣傳航空公司的歷史，又能讓以前就搭乘過的客人和公司的資深員工感到懷念。主要有聯合航空、德國漢莎航空、芬蘭航空、土耳其航空、達美航空、加拿大航空、奧地利航空、馬來西亞航空、嘉魯達印尼航空、巴基斯坦國際航空、以色列航空等等，在這20年間都有推出復古塗裝機。

　　也有推出多種復古塗裝機而成為話題的公司，澳洲航空就將歷代的舊塗裝漆在最新的波音737上。英國航空在迎接國際線啟航100週年的2019年，推出四種復刻塗裝版本的波音747和空巴A320。美國航空讓之前吸收合併的航空公司塗裝復活，環球航空、雷諾航空、加州航空、太平洋西南航空、美國西方航空、全美航空等令人懷念的塗裝陸續登場。就連2000年才啟航，歷史尚淺的捷藍航空也以「1960年代風」的名義，推出加入飾線的假想復古塗裝機。

　　如果時機剛好，遇到上述這些復古塗裝機的話會讓腦海中那些令人懷念的記憶甦醒，就算古老到不知道當時那個時代，也可以體驗有如回到過去的樂趣。還有在其他頁面也介紹過，ANA在2009～2014年的時候也復刻過「莫西干外觀」的塗裝，但是包含其他航空公司，復古塗裝機大多是期間限定。日本的航空公司如果也能推出更多復古塗裝機的話，應該也會很有趣。

因為有定期航班飛羽田機場，常常可以看到德國漢莎航空的波音747-8I。747 Classic全盛時期的1980年代是在窗列塗上飾線，機鼻有黑色點綴的塗裝。

在羽田機場拍攝到嘉魯達印尼航空的波音777，機首處有小小的品牌商標和1969-1985，記載著這個塗裝的使用年代。

以色列航空從成田機場起飛的波音787，採用的是1960年代波音707的復古塗裝。

125

復古塗裝機的流行

採用1965年被加拿大航空吸收的環加拿大航空（Trans-Canada Air Lines）塗裝的空巴A220，加拿大航空有好幾架復古塗裝機在飛航中。

捷藍航空的空巴A320以1960年代中期為設計概念。公司設立時間為1998年的關係，嚴格說起來並不是復古塗裝機，考量到時代性，發動機上寫的不是網址而是免付費電話號碼也很特別。

照片上的空巴A319復刻的是1987年和全美航空（之後被美國航空吸收）合併的太平洋西南航空（PSA）的塗裝，當時是使用在洛克希德L-1011上，駕駛艙下方畫著微笑的標誌非常知名。

馬來西亞航空為了紀念在2012年迎接創立40週年，於2013年登場的復古塗裝機。在波音737-800塗上初代塗裝，到了2023年也用這個姿態飛行。

澳洲航空推出過許多復古塗裝機，這一架是被暱稱為「ROO」的1970年代塗裝，於2014年登場。1970年代的時候漆在波音747上。

北歐航空的復古塗裝機是重現使用到1970年代為止的設計，將象徵維京人的圖案轉化成飾線，有裸機版本的道格拉斯DC-3和白色機身的波音747。

第4章

現在已經消失的知名塗裝、謎樣塗裝
Old Color Scheme

日本人也很熟悉的紅色尾翼
西北航空
Northwest Airlines

　　現在40歲以上的人，年輕的時候如果有頻繁地去海外旅遊的話，應該會聽過「西北航空」的名字吧。到2000年代為止，成田機場第一航廈的北翼，每到下午就會擠滿西北航空的紅色飛機。在那個LCC尚未抬頭的年代，就可以入手比較便宜的機票，除了美國本土加上夏威夷和關島，還在亞洲·太平洋地區建構航線網，飛行新加坡和香港等地方，西北航空也有許多日本人搭乘。

　　西北航空在日本航空設立時也常接受委託飛行等等，在戰後的日本航空史當中占據了非常重要的地位。除了東京之外，還有飛名古屋和大阪應該也是廣為日本人熟知的原因之一吧。

1989～2003年的塗裝，應該很多人記得西北航空這個飛機頂部整片紅色的塗裝吧。

　　西北航空在2010年被達美航空併購吸收，連公司名稱都消失了，但是象徵性的紅色尾翼到了現在還留在人們的記憶中。

　　美國北部的底特律和明尼亞波利斯在過去是西北航空的樞紐機場，冬天時視線極差，飛行員也曾經說過只要跟著紅色尾翼走就沒有問題了。西北航空的最終塗裝是於2003年登場，最大的特徵是機身顏色採用亮光銀，從左舷觀察，圓圈的左上角點綴著紅色▼的新商標大大地畫在機身前方，這是在上方為北方的地圖上用▼標示公司名稱「西北」方位的圖案。機身前方用小寫廣告看板字體寫著三個英文字「nwa」，其下則全部用大寫英文標示公司全名「NORTHWEST AIRLINES」。維持傳統的紅色，以銀色為基礎的現代風設計，尤其是銀色的機身會因應光線狀態看起像閃耀著綠色的光芒，被夕陽照射則會染上一抹橘色，對於拍攝來說是困難又有趣的塗裝。

　　這個最終塗裝登場之前的1994～1995年間，有在道格拉斯DC-9和波音757上進行實驗版的設計，將其改良後，2003年誕生了完成版。

塗裝的重點

最終塗裝是在紅色尾翼上畫著標示西北方位的商標，在左舷側的三角形雖然是在左上方標示著西北方位，但是到了右舷則變成右上（東北）是這個塗裝的難處。

DATA BOX

[所屬國家・區域]美國　[IATA/ICAO CODE]NW/NWA　[呼號]NORTHWEST　[主要使用飛機]B747、B757、DC-9、A330、A319/A320等(和達美航空合併時)　[主要據點機場]明尼亞波利斯機場、底特律機場、曼菲斯機場等　[加盟聯盟]天合聯盟　[創立年]1926年(以Northwest Airways算起)

1994～1995年間，塗著實驗塗裝的DC-9，灰色的機身上用紅色寫著西北航空的公司名稱，別的DC-9上也有白色商標的版本。

1947～1986年的公司名稱是西北東方航空（Northwest Orient Airlines），東方指的是歐美人士所見的東方世界，非常符合強項是遠東航線的西北航空。

同樣採用實驗塗裝的波音757，機身灰色的面積擴大，已經很接近1989年採用的正式塗裝了。

從最終塗裝往前2代的塗裝，紅色的尾翼加上金屬色的機身，中央的黑白飾線只有黑色部分到了前方艙門附近就被直直裁斷的嶄新風格，剛登場不久的波音747-400也使用這個塗裝。

129

使用至1984年的塗裝被稱作「GLOBE」。以筆者的年代，最後一次是在1989年看到未變成新設計的機體，是60歲以上的人會非常懷念的塗裝。

第二代、第三代都登場過的名門航空公司
泛美航空
Pan American World Airways

　　最近已經很少聽到這個名字了，但提到1980年代前的大航空公司，泛美航空會是先被舉例的其中一間。泛美航空早在還沒有較長跑道的大機場出現以前，就使用大型水上飛機飛太平洋航線，之後還開設繞行世界一周的航線，有著極為光榮的歷史，可說是如果沒有泛美航空，波音也無法成功推出747巨無霸客機。

　　泛美航空全盛時期的塗裝稱作「Golbe（地球）」，於1958年登場。因為還是處於對企業識別概念的認知較低的時代，這個塗裝可以說是走在時代的尖端。白色的機身加上水藍色的飾線，機身下半部是當時主流的裸機設計，尾翼畫著模仿地球模樣的商標。這個塗裝用在波音707、727、737、747、道格拉斯DC-8、DC-10、洛克希德L-1011，也每天飛抵日本。

　　泛美航空在1984年陷入嚴重的經營不善，公司為了轉換心情，發表了保留尾翼上的地球儀，但把字體換成廣告看板風格的新塗裝，這種字體在當時雖然是少見的嶄新設計，但之後的經營卻沒有好轉，於是在隔年1985年時，把太平洋路線權利、飛機、機組員賣給聯合航空，接下來也陸續賣掉大西洋航線和中南美洲航線，事業版圖逐漸縮水，最終在1991年宣告破產。當時採用廣告看板風格字體的大型航空公司有UTA法國聯合航空和里約格朗德航空，因為最後都被併購的關係，當時也有謠傳「使用廣告看板風格字體的公司會倒閉」的說法。

　　另一方面，泛美航空本身具有極高的品牌知名度，雖然經營體制不同，但是在1998～2004年登場了第二代，2005～2008登場了第三代的泛美航空，但是都無法持續下去，結果都以破產收尾，最終銷聲匿跡。

DATA BOX
［所屬國家・區域］美國　［IATA/ICAO CODE］PA/PAA　［呼號］CLIPPER　［主要使用飛機］B747、B737、B727、A300/A310（停止飛航時）　［主要據點機場］紐約JFK機場、舊金山機場等　［加盟聯盟］無加盟　［創立年］1927年

於1989年在倫敦希斯洛機場拍攝到泛美航空末期的波音747，巨無霸飛機上的廣告看板風格字體也非常顯眼帥氣。

1998年拍攝到的第二代泛美航空，因為初代泛美航空在波音727上也使用過同樣的塗裝，反而沒有給人復活的感覺。

泛美航空全機都有「Clipper ○○」的名稱，Clipper指的是19世紀的大型帆船，也使用了極具特徵的字體。

近距離觀察廣告看板的大型字體，可以發現長且粗的字體使用了許多曲線，下方往後面流動的設計。

提到阿羅哈航空，最知名的就是被稱作花朵力量的塗裝。公司名稱字體也很花俏，在女性乘客間頗具人氣。

花朵塗裝極具人氣的夏威夷知名航空
阿羅哈航空
Aloha Airlines

2000年代中期，提到夏威夷的航空公司，那就是阿羅哈航空和夏威夷航空雙雄了。兩間公司彼此切磋砥礪，在夏威夷境內飛航，當中又以阿羅哈航空在橘色尾翼上用花朵點綴，被稱作「花朵力量（Flower Power）」的塗裝在1970年代備受好評，販售過各式各樣的周邊商品。2000年代推出復古塗裝機的時候，這個花朵力量塗裝也復活過，本頁的主照片就是當時拍攝的。仔細觀察可以發現窗戶上的飾線還分散著小花朵，是非常精緻的設計。

到了1980年代，塗裝改版成在白色機身上有黃、橘色飾線的簡潔設計。因為大都是離島航線的關係，並且用波音737作為主力機種的阿羅哈航空，為了開設臺灣航線而引進了道格拉斯DC-10，以阿羅哈太平洋航空（Aloha Pacific）的名義經營，但最後卻沒上軌道。

經營重建中的2000年左右，發表了用手寫字體「aloha」作為全新企業識別，跳脫過去流行的印象，在尾翼上畫著朱槿的高雅設計登場。以經營戰略面來說，引進最新的737-300，開設美國航線等等，積極地拓展業務，但是經營依舊沒有好轉，最後於2008年倒閉，停止飛行。

但是「阿羅哈」的名字並沒有完全消失，換了出資者之後，現在以貨運航空公司「Aloha Air Cargo」繼續營運，塗裝當然也換新了。

DATA BOX

[所屬國家・區域]美國　[IATA/ICAO CODE]AQ/AAH　[呼號]ALOHA　[主要使用飛機]B737(停止飛航時)　[主要據點機場]檀香山機場等　[加盟聯盟]無加盟　[創立年]1946年(以Trans-Pacific Airways算起)

1980年代後半開始推出簡潔的設計，公司名稱商標沿襲舊款。加入橘色和朱紅色的飾線，也使用在道格拉斯DC-10。

最終一版塗裝的公司名稱字體變成手寫字體，機身下方和尾翼漆上深藍色的雅緻設計，尾翼上畫著色彩鮮豔的朱槿。

繼承名門阿羅哈航空名字的阿羅哈貨運航空，使用波音737和767從檀香山飛夏威夷的離島和美國洛杉磯。廣告看板風格字體和機身上的網址是現在的潮流，已經沒有過去阿羅哈航空的影子了。

反覆進行企業合併和變更塗裝
全美航空
US Airways

1992年在邁阿密機場拍攝到的波音737-200。機身是裸機設計，尾翼和機身前方的「A」和「R」，描繪出特徵十足的公司名稱

全美航空是過去存在於美國的大型航空公司，2015年和美國航空合併後，公司名字消失了。舉例來說，如同提到JAL會想到紅色，ANA就是藍色一樣，每家航空公司一般來說都會有傳統的企業識別色，但全美航空是每次合併就會大幅改變企業識別色的特殊公司。

首先是在1979年，公司名稱從亞利根尼航空（Allegheny Airlines）改成US Air之際，從機身到尾翼有橘色、紅色、棕色的飾帶，基本上沿襲了亞利根尼航空的塗裝。特徵是公司名稱的「A」，使用了三角形的原創字體。

❶1997年在佛羅里達州的羅德岱堡機場拍攝到的波音757。裸機上有著美麗的塗裝，用紅、藍和白讓人聯想到星條旗的設計。❷機身後方有數條淺灰色的飾線，這是受到合併後消失的美西航空的影響。尾翼上有著深淺不同的深藍色條紋圖案則是保留全美航空舊塗裝的設計。❸公司名稱變成全美航空的波音757，一轉裸機的設計，變成接近黑色的機身，公司的字體以白描的方式處理。以當時來說是非常有視覺衝擊的塗裝。

1980年代後期在收購企業識別色為藍色的彼得蒙航空（Piedmont Airlines）時，設計上考慮到彼得蒙航空，也在紅色的基礎色調上追加了藍色。公司名稱的「US」是紅色、「AIR」是藍色，再加上白色的外框，象徵著美國星條旗。尾翼上反過來用藍色為基礎，再加上紅色線條點綴，公司名稱也變成容易閱讀的字體。

1997年再度變更公司名稱，改為現名全美航空，以接近黑色的黑藍色為基礎色系，給人強烈的視覺震撼。黑藍色與機身下方灰色區域的交界處，畫著一條紅色和白色的細線，尾翼畫上美國國旗圖案化的商標。

和美西航空合併的2005年，雖然保留了全美航空的公司名稱，但總公司的所在地（菲尼克斯）和呼號都變成以美西航空為主，塗裝也受到美西航空的白色企業識別色的影響而變更設計。然後到了2014年，和美國航空合併後，全美航空的名字終於消失了，但是現在也可以在美國航空的復古塗裝機上看到當時的塗裝。

DATA BOX
[所屬國家‧區域] 美國　**[IATA/ICAO CODE]** US/USA→AWE　**[呼號]** US AIR→CACTUS　**[主要使用飛機]** A330、A319/A320/A321、B767、B757、B737、E190（合併時）　**[主要據點機場]** 菲尼克斯機場、費城機場等　**[加盟聯盟]** 星空聯盟→寰宇一家（附屬會員）　**[創立年]** 1937年（以All American Aviation算起）

偶爾也會飛來日本的名門航空公司
環球航空
Trans World Airlines

由林白（Charles Lindbergh，1902～1974）擔任過顧問的美國知名航空公司 — 環球航空，以美東海岸和大西洋線為中心拓展航線網，在1960年也以好萊塢巨星的御用航空公司而聞名。1990年代也會頻繁地作為總統出訪的隨行機，時不時地飛往日本。

環球航空公司的企業識別色是紅色，1975年時推出的塗裝，機身上兩條飾線越往前方會越細，有如箭矢一般。在當是算是嶄新的設計，波音727、747、767，還有洛克希德L-1011等飛機都使用過這個塗裝。「TRANS WORLD」的名稱當時是紅色外框的白色文字，因為辨識度較差的關係，變成了紅色文字。尾翼的「TWA」三個英文字也用白描的方式處理，以美國的航空公司來說相當稀有。

到了1990年代，設計上給人有點老舊的感覺，所以在1995年加上將地球儀圖案化的商標。當時把公司名稱和飾線以外的圖案放在機身前方的做法相當罕見，大大地畫著地球插畫商標讓人感到驚艷的同時，也如同公司名稱一樣，傳達出朝世界展翅飛翔的印象。

事業轉捩點是1996年從紐約起飛的747爆炸事故（無人生還），之後經營逐漸惡化，在2001年被美國航空吸收而結束。只不過現在紐約・JFK機場還有冠上「TWA」名字的航廈和旅館之外，美國航空也有推出復古塗裝機，現在還是能在身邊看到知名航空公司「TWA」的名字。

1975年登場的塗裝，提到TWA的話，應該大部分的人都會想到這個塗裝吧。尾翼設計的特徵是紅色的周圍有白框包圍，美國航空的復古塗裝機也採用這個塗裝。

DATA BOX
[所屬國家・區域]美國　[IATA/ICAO CODE]TW/TWA　[呼號]TWA　[主要使用飛機]B767、B757、B717、MD-82/-83（結束營業時）　[主要據點機場]紐約・JFK機場、聖路易斯機場、聖胡安機場等　[加盟聯盟]無加盟　[創立年]1930年（以跨大陸及西部航空Transcontinental and Western Air算起）

1990年代，員工集資購買飛機的事情，在美國航空公司中也有幾件案例。這架MD-80上也記載了飛機主人是員工，顏色則是紅色和白色反轉的設計。

TWA最後的塗裝是在機身前方畫著地球儀商標，使用黑、金、紅等顏色飾線的時髦設計。「TRANS WORLD」則用較細的字體來增加文字間距。

被美國航空吸收的過渡期登場的混和塗裝。機身和美國航空採用同樣的裸機設計，但是公司名稱寫著TWA。

塗裝是小朋友的塗鴉!?
環美航空
ATA Airlines

現在因為轉印貼紙的技術進步，飛機上可以使用更複雜的塗裝，但是在1990年代以前可沒有太多特殊的塗裝設計。另外，作為公共交通機關的航空公司比起現在，給人更加嚴肅的印象，因此幾乎沒有航空公司採用大膽的設計。在那個時代，環美航空的「棕櫚樹塗裝」乍看之下很像手繪的流行塗鴉就帶來了很大的衝擊。

作為美國包機航空公司的環美航空，也常常幫忙美軍的運輸作業，但經營團隊打出「假期飛機」的印象，試圖消除嚴肅感。機身前方的ATA使用手寫風格，營造出隨意的筆觸，機身下方的深藍色部分隨處都有像蠟筆畫的不規則粉紅色飾線。發動機整流罩上畫著太陽的標誌，散發出來的氛圍就像是小朋友的塗鴉。尾翼上也有太陽圖案和ATA商標、粉紅色曲線，混搭著棕櫚樹的圖畫，簡直就是小朋友的塗鴉本。

當時大膽跳脫窠臼的發想和設計讓觀看者感到有趣，但以飛機設計來說可能太過頭，所以這個塗裝在五年後就消失了。2001年到2008年

塗裝的重點

放大觀察機身前方的話，可以發現公司名稱「ATA」也像是手繪風格般不整齊。「ATA」的商標有用深黃色的外框，機身下方以深藍色為基礎，加入粉紅色和翡翠綠等各式各樣的顏色進行點綴。

停駛前的塗裝，公司的商標雖然差不多，但其餘設計都變得較為沉穩。

DATA BOX

[**所屬國家・區域**]美國　[**IATA/ICAO CODE**]TZ/AMT　[**呼號**]AMTRAN　[**主要使用飛機**]B757、B737、L-1011、DC-10（停飛機）　[**主要據點機場**]印第安納波利斯機場等　[**加盟聯盟**]無加盟　[**創立年**]1973年

1996年前的塗裝。美軍不時包機飛日本的橫田基地，對這個塗裝有記憶的大多是非常資深的飛機迷。

最後時期的塗裝，公司名稱依舊帶來視覺衝擊，但整體的印象較為沉穩。

飛虎航空的波音747-200F，在當時還只有一條跑道的成田機場34號跑道上排隊。二樓窗戶下方還留著以前的塗裝痕跡，整體黑黑髒髒的感覺更有特殊風味。

擁有航空義勇軍血脈的貨物航空
飛虎航空
Flying Tiger Line

　　最近聽到「Flying Tigers」，可能比較多人會聯想到丹麥雜貨品牌「Flying Tiger」。但如果是和筆者同一個世代的飛機迷的話，應該會想起營運到1989年為止，以波音747F飛行的貨運航空才是。

　　以暱稱「飛翔老虎（Flying Tigers）」備感親切的這間航空公司，正式名稱為飛虎航空，在航空業界和飛機迷之間甚至會直接簡稱「飛虎」。公司是在日中戰爭的時候，由支援中國的美國義勇軍前隊員們所創立的貨物航空，使用已經有點年紀的747F這點也很有名。

　　裸機的塗裝還保留了以前的痕跡，雖然外觀感覺好幾年都沒有洗過，但對於飛機迷來說，這些地方才透露出獨特的韻味。飛虎也有接受過美軍祕密運輸的任務，髒污的塗裝更醞釀出軍事風格，呼號「TIGER」在成田機場也廣為熟知。1989年被FedEX（當時為Federal Express）吸收，公司名稱消失在市面上。雖然當時也有推出過FedEX塗裝的波音747，但當時FedEX的主力機種是DC-10，所以馬上就銷聲匿跡了。

　　飛虎的剩餘員工另外創立了前面介紹過的博立貨運航空。飛虎航空時代裝飾在尾翼上的「T圓圈」也變成了「P圓圈」，順利地將血脈延續到現在。

在末期登場，以淺灰色為基調的全彩機，尾翼上有「T圓圈」的商標，再往上可以看到「TIGERS」的文字。特徵是機身有一圈如肚圍一樣的深藍色和紅色飾線設計。

應該有許多飛機迷也很熟悉尾翼上寫著公司名稱「FLYING TIGERS」的設計吧！駕駛艙下方畫有一個小小的咆嘯猛虎插畫，也是公司的周邊商品，筆者也有一個。

已經被FedEX收購，公司名稱和商標都被拔掉後，持續飛行的波音747-100F。駕駛艙後面貼著小小的FedEX商標，不知為何覺得有點淒涼。1989年拍攝。

DATA BOX
[所屬國家‧區域]美國　　[IATA/ICAO CODE]FT/FTL　　[呼號]TIGER　　[主要使用飛機]B747F、B727F、DC-8F　　[主要據點機場]洛杉磯機場等　　[加盟聯盟]無加盟　　[創立年]1945年

日本過去也很熟悉的加拿大之翼
加拿大國際航空
Canadian Airlines

加拿大國際航空第一代塗裝上的海軍藍和淺灰搭配起來非常美。尾翼上的五條灰色飾線，象徵著飛往五大陸的意思。

　　加拿大國際航空過去是加拿大第二大的航空公司，也有直飛日本。如果提到代表加拿大的航空公司，現在一般來說都會想到加拿大航空，但是在1990年代以前的日本，加拿大國際航空的知名度遠勝於前者。加拿大國際航空的公司名字誕生於1987年，在這之前是加拿大太平洋鐵路（Canadian Pacific Railway）旗下的加拿大太平洋航空集團（之後的加拿大太平洋航空）。

　　作為加拿大國際航空誕生的第一代塗裝，機身為雙色系，上方為淺灰，下方為海軍藍，交界處畫著紅色飾線。尾翼上點綴著簡單的箭頭標誌，背景是象徵飛往五大陸的五條淺灰色線條。公司名稱「Canadian」最後的「a」也換成了箭頭，這個挺符合將英、法兩國語言作為官方用語的加拿大作風，因為英文是「Canadian」、法文則是「Canadien」，為了讓倒數第二個文字讀「a」或「e」都可以，而直接做成商標，這個時髦的塗裝持續用到1999年為止。

　　第二代的塗裝以加拿大鵝為設計理念，在1999年登場。機身下方雖然一樣是海軍藍，但是上半部變成白色，交界處換上粗細不同的紅色飾線。從機身後方到整個尾翼，都有振翅飛翔的加拿大鵝圖案。但是在2001年決定和加拿大航空合併後，這個短命的塗裝也跟著結束了。在申請手續辦完為止的期間，雖然有推出過在加拿大航空的飛機上，漆著加拿大國際航空公司名稱的塗裝，但是合併手續結束後，加拿大鵝的圖案就陸續被加拿大航空的塗裝取代，直至消失。

漆著加拿大國際航空最後一版塗裝的波音767-300，純白色的機身上方有醒目的紅色公司名稱。倒數第二個英文字變成箭頭，是從第一代就沿襲下來的設計。

和加拿大航空合併前的加拿大國際航空飛機，公司名稱後方畫著加拿大鵝的圖案。

2001年6月在成田機場拍攝到的波音747-400。尾翼已經畫上加拿大航空的楓葉商標，之後沒多久就完全被加拿大航空吸收，公司名稱也消失了。

DATA BOX

[所屬國家·區域]加拿大　[IATA/ICAO CODE]CP/CDN　[呼號]CANADIAN　[主要使用飛機]B747、B767、B737、DC-10、A320(合併時)　[主要據點機場]蒙特婁杜魯道機場、多倫多機場、溫哥華機場等　[加盟聯盟]寰宇一家　[創立年]1942年(以加拿大太平洋航空算起)

136

里約格朗德航空全盛時期的塗裝。藍色的飾線邊緣有深藍色，窗戶附近加進兩條淺灰線條，是款複雜的設計。機鼻附近的飾線往下降，是1960年代左右的風潮。

從地球背面飛過來的巴西知名航空
里約格朗德航空
Varig

在日本起降的最長距離航線，就是由里約格朗德航空在營運。為了讓日本移民歸鄉和運輸巴西勞工等等，和日本的關係匪淺，應該很多日本人都有印象。

塗裝到1996年為止是用水藍色、白色、黑色構成的羅盤圖案為商標，機身飾線在機鼻的位置變成曲線，是1960年代的風格。這個塗裝使用在洛克希德星座和卡拉維爾客機上，尾翼畫上羅盤商標的小改款後，也漆在道格拉斯DC-10和波音747上。

1996年開始轉為使用由Landor Associates設計之深藍色基礎色加上黃色羅盤進行點綴的新塗裝，「VARIG」的公司名稱換成粗體字，「Brasil」（西班牙語）則轉為類似手寫字體的手寫草體。

2003年左右，以旗下兩間公司——「Rio Sul」和「Nordeste」合併為契機，跟著改變企業識別，將機身字體變成廣告看板風格，變更「Brasil」的文字位置。之後因為受到新興的巴西天馬航空（TAM）和LCC高爾航空（GOL）不斷擴張勢力的擠壓，陷入經營困境的里約格朗德航空事業規模逐漸縮小，2006年除了一部分主要航線之外，不得不停航其他路線。被GOL收購後以新生之姿重新出發，並且在2007年推出新塗裝，但沒有步上正軌，結果巴西名門里約格朗德航空在2009年就消失了。

DATA BOX
[所屬國家‧區域] 巴西　**[IATA/ICAO CODE]** RG/VRG　**[呼號]** VARIG　**[主要使用飛機]** B777、B767、B737、B727、DC-10、MD-11（末期）　**[主要據點機場]** 里約熱內盧機場、聖保羅‧瓜魯柳斯機場等　**[加盟聯盟]** 星空聯盟　**[創立年]** 1927年

1996年登場的塗裝在機身下方和尾翼使用藍色。「VARIG」的字體極具特徵，「Brasil」也變成手寫草書的字體。

將1996年的塗裝小改款的版本，採用流行的廣告看板字體風格，為了放入「Brasil」的文字，機身下方的藍色形成曲線。

倒閉後納於GOL旗下的里約格朗德航空塗裝。尾翼的漸層雖然很美麗，但是沒有全盛時期的影子，並在短時間內就消失了。

被納入GOL旗下之前的商標。羅盤的設計相當立體，表示方位的刻度也很詳細。

這台空巴A320的名稱為「Teotitlan」，源自位於SierraJuárez山腳下，以編織物聞名的小村莊。紅色的尾翼上畫著編織物的花紋。

描繪著多彩花紋的多樣化尾翼
墨西哥航空
Mexicana de Aviación

如果提到墨西哥在1990年代的代表性航空公司，那就是墨西哥航空。創立於1912年，是墨西哥最古老的航空公司。

墨西哥航空最廣為人知的就是塗裝，色彩豐富鮮豔的尾翼加上墨西哥各地傳統花紋進行點綴，最初使用這個塗裝的波音727，於1991年1月啟航。現在雖然已經開發出精密且耐久性都很高的轉印貼紙技術，可以應付複雜的花樣和照片，但是在只能仰賴普通塗裝方式的當時，要處理這種複雜的設計絕對非常辛苦。

這個時期的墨西哥航空受到航空法規鬆綁而登場的SARO和TAESA等新興勢力迎頭趕上，在經營層面上陷入苦戰，但依舊把這個塗裝擴大使用在道格拉斯DC-10和空巴A320上。一部分的飛機會加上Nayarit（納亞里特州）和Talavera（普埃布拉州的陶器花紋）等名字，但是其他有塗裝名稱的飛機名字在中途有變動，整個有點複雜，在沒有網路的時代想要確認這點，筆者還留有非常辛苦的記憶。當初預期塗裝應該會有50幾種，花了超乎想像的成本和工夫，但實際上登場的數量比預期還要少。

到了1990年代後期，省略了複雜的尾翼花紋，機身和尾翼只漆上單色系，經營狀態的嚴峻程度也反映在塗裝上。2010年，持續約90年的墨西哥航空歷史終於謝幕。這邊想跟大家介紹一部分在過去的日子裡，妝點墨西哥航空的多彩塗裝飛機。

DATA BOX

[所屬國家・區域]墨西哥　[IATA/ICAO CODE]MX/MXA　[呼號]MEXICANA　[主要使用飛機]A330、A318/A319/A320、B767、CRJ（停止飛航時）　[主要據點機場]墨西哥城機場、坎昆機場、瓜達拉哈拉機場等　[加盟聯盟]星空聯盟→寰宇一家　[創立年]1921年

飛機名稱「Zapoteco」，源自位於南墨西哥，以天然染色的手工編織地毯為名產的村莊名稱。在紫色的尾翼上畫著可在遺跡看到的花紋。

飛機名稱「Huajicori」，源自位於墨西哥中西部山區的小村莊。尾翼是藍灰色，花紋出處不明。

飛機名稱「Cuitlahuac」，源自阿茲特克時期第十代君王，也是維拉克斯州的城鎮名稱。

飛機名稱「Aztlan」，源自墨西哥傳說中的都市名稱。美麗的藍色尾翼上畫著黃綠色的花紋。

飛機名稱「Tlapa」，源自位於墨西哥城往南約150km處，格雷羅州的山區小鎮。紫色尾翼上有黃綠色的圖案。

飛機名稱「Jocotitlan」，源自位於墨西哥城西北方的小鎮名稱。深藍色的尾翼畫著花朵般的紋路。

飛機名稱「Tecpantla」。點綴著黃色的淺灰色為基底，加上有如磁磚的藍色花紋。這架A320也成為了模型機。

飛機名稱「Cuautzingo」，源自墨西哥州的城鎮名稱。橘色的尾翼上花了深藍色的植物花紋。

飛機名稱「Mixteco」，源自為中美洲原住民的名字。畫著加入了深粉紅色和藍色的紫色花紋。

飛機名稱和已經出現的「Aztlan」一樣，但是尾翼的基礎色系和花紋都不同。

飛機名稱「Ichcatlan」，淺灰色的基礎色上畫著有如磁磚的花紋。

飛機名稱「Guerrero」來自墨西哥南部的城鎮名稱。粉紅色和黃綠色的花紋給人有種變形蟲的感覺。

飛機名字「Azcapotzalco」，源自墨西哥城內的某城鎮名稱。以華麗的粉紅色為基礎色，加上紫色的花紋，讓人聯想到阿茲特克文明。

為了節省工夫，變成沒有花紋的設計。基本上是以深藍色為基礎，過渡時期也有綠色等其他顏色的飛機。

139

彩虹塗裝在日本雖然已經和JAS綁在一起，但是在全世界則以空巴的企業識別色聞名。尾翼寫著機種名稱A300，也進行過試飛。

日本電影巨匠親自操刀的彩虹設計
日本佳速航空的「彩虹塗裝」
Japan Air System "Rainbow"

1980年代東亞國內航空（TDA）的時刻表上，寫著「空中女王」— 歐洲空中巴士的廣告標語，同時也寫著「大型噴射機A300」。這架空巴A300，就是後來被日本佳速航空繼承下來的「彩虹塗裝」原點。TDA的A300塗裝原本是空巴自己的企業識別色，A300在試飛時抵達日本，TDA非常中意這個塗裝，在決定引進飛機的時候，也要求將塗裝一起轉讓過來。自此之前的TDA是用紅和綠作為基礎色系，被稱作「RED & GREEN」的塗裝，但是A300就以彩虹塗裝登場。1988年更名為日本佳速航空（JAS），在與日本航空合併、公司名稱消失之前，彩虹塗裝的印象都牢牢地緊跟著日本佳速航空。

接下來引進的麥道MD-81，因為機身比A300細的關係，又或是顧慮到將原本空巴的企業識別色直接用在其他公司的飛機上不太好，相較於A300的彩虹色是以黃、橘、紅和深藍共四種顏色構成，MD-81（包含DC-9 Super80和MD-87）和YS-11則把橘色拿掉，使用剩下的三種顏色。但是為了進入國際航線所引進的道格拉斯DC-10-30，還是採用四色。空巴的企業識別色使用在道格拉斯的飛機上，放眼整個世界也是非常罕見的案例。

公司名稱變更成日本佳速航空後的1997年4月，波音777啟航並繼承了彩虹配色的概念，但變得更加大膽（暱稱叫作彩虹七號）。用構成彩虹的七色飾線像緞帶一樣纏在機身上，飛機迷也稱為「螺旋彩帶七號」。另外，左舷側前方寫著三個英文字「JAS」，尾翼上寫著「JAPAN AIR SYSTEM」。相較於此，右舷前方則反過來寫著「JAPAN AIR SYSTEM」，「JAS」用白描的方式寫在尾翼上，變成非對稱型。正式塗裝左右不對稱在當時也是極為稀有的設計。

同時在1995年開始引進的MD-90，也採用了彩虹配色的設計概念，但是親自操刀設計的是日本電影巨匠 — 黑澤明導演，一時蔚為話題。替MD-90準備了七種類型的塗裝（引進飛機數量為16架）。

雖然彩虹塗裝都有共同的核心概念，但是也有區分源自空巴的彩虹配色（A300）、彩虹七號（777），還有七種黑澤明配色（MD-90）等等，存在著多種不同版本的塗裝，放眼世界也很少有像日本佳速航空這樣的做法。在底片照相機的時代，會因為當時天候的關係，拍出狀況不好的照片，影響整體的帥氣程度，但是當年為了拍出漂亮的彩虹塗裝（尤其是MD-90）而東奔西跑，到現在也還是很美好的回憶。

DATA BOX
[所屬國家／區域]日本　[IATA/ICAO CODE]JD/JAS　[呼號]AIR SYSTEM　[主要使用飛機]A300、B777、MD-80/-90（和JJ合併時）　[主要據點機場]羽田機場、伊丹機場等　[加盟聯盟]無加盟　[創立年]1964年（以日本國內航空算起）

彩虹七號的左舷側。以七彩構成的彩虹從機身一路繞圈到尾翼。機身前方寫著公司名稱的英文縮寫「JAS」，尾翼配置著全名「JAPAN AIR SYSTEM」。

彩虹七號的右舷側。七色緞帶的起點在駕駛艙下方，看起來也像微笑的嘴巴，紅色的日之丸外圍有一圈金框。和左舷側相反的是「JAPAN AIR SYSTEM」寫在前方，英文縮寫改在尾翼上。

黑澤明配色（MD-90）一號機上的「JAS」採用翡翠綠，七彩顏色以曲線的方式延伸到機身後半部。左舷側寫的是JAS，右舷的文字則是反過來。

二號機在JAS商標後方有黑澤導演的簽名，七彩的飾線朝著尾翼流動。JAS商標前方也有用細線作為點綴。

三號機採用的是較粗的彩虹曲線，一邊往機尾移動逐漸變細的設計。七個種類裡面給人最清爽的印象，但有的時候會跟七號機搞混。

機身前方和尾翼塗上翡翠綠的四號機，是七種類型中最有視覺衝擊的一款。剩下的六個顏色平均配置，一邊往機身上方移動一邊變細。

五號機和二號機稍微有點類似，尾翼只有翡翠綠一種顏色是最大特徵。JAS商標以翡翠綠的顏色寫在機身下方。

六號機的白色面積較大，JAS的商標用廣告看板風格字體配置在前方。尾翼附近有彩虹色，整體平衡非常好。

七號機採用的是半圓形的彩虹飾線，就像高掛在空中。JAS商標的位置也給人穩定感。

在日本各地看到的彩虹塗裝，同樣是MD-80/-90系列卻有相當不同的印象，以企業識別色來說是少見的案例。靠近前方的MD-81，彩虹色只有三種顏色。

登記編號為JA8115的波音747-100。機身只有「Super Resort Express」的文字，是「Reso`cha」商標登場前的初期塗裝。

熱帶塗裝勾起到度假勝地旅遊的欲望
JAL集團「Reso`cha」
JAL Group "Reso'cha"

主要從成田機場飛往夏威夷、關島、塞班島等度假勝地的日本航空，在1994年對波音747和道格拉斯DC-10取了「Super Resort Express（渡假村超級特快班機）」的暱稱，以「從搭機開始就能享受度假風情」為主題，從空服員的制服款式、餐點到贈送的小禮物等等，舉行了航線限定的活動。

配合活動還推出在樂園中飛翔的鳥為主題的特別塗裝機，有著「Reso`cha」的暱稱，深受大家喜愛。擔任設計的是長年出演《塔摩利俱樂部》（朝日電視台），日本人相當熟悉的安齋肇先生。南國風情十足的紅鳥在黃、紫、粉色花朵間玩耍的圖案，每架飛機的設計還有些微的差異。還有的飛機在保養整備時，會一起更換成別的塗裝。

Reso`cha除了使用日本航空的飛機之外，還會使用集團旗下的日線航空及日本航空包機（JAZ）的機體。之後投入沖繩航線，也推出了國內航線用的「Super Resort Express沖繩（沖繩特快班機）」。機身後方的「Reso`cha」標誌，設計概念是以南島寬闊的大海為意象，有尺寸和大小相異的不同版本。以漸層手法描繪的標誌有冷色系和暖色系，但不管哪一種都讓人享受觀賞華麗塗裝的樂趣。

從關島機場出發的波音747-100（JA8128）是由日線航空營運。花瓣顏色為紫色，機身後方有藍色漸層的「Reso`cha」商標。

鮭魚色的花瓣灑落在機身上的波音747-300（JA8187）。機身後方的「Reso`cha」商標是粉紅色和黃色的漸層，由日線航空飛航。

在全世界也非常稀少的衍生機型波音747-300SR（JA8184）上採用緬梔花（俗稱雞蛋花）設計。和第一代比起來，尾翼的葉子變大，氛圍也更加熱鬧。

塗裝的重點

機身前方有公司名稱。「Reso`cha」的飛機是由JAL、日線航空、日本航空包機三間公司包辦飛行。

和花兒嬉戲的紅鳥，光看塗裝就能讓人度假情緒高昂，期待可以再次看到。

每架飛機的設計都不同，可以享受花的種類和顏色差異。

波音747-300SR同時活躍於國內線和國際線，這一架是以「SUPER RESORT EXPRESS OKINAWA」的名字投入羽田～那霸、伊丹～那霸線。

有著JAZ商標「Reso`cha」塗裝的道格拉斯DC-10（JA8547）。DC-10上的花瓣只有紫色，當時致力於從其他地方飛檀香山的包機航班。

2000年暑假從關西機場起飛的波音747-200B（JA8114）。「Reso`cha」的商標比較小，但依舊存在。

JAL巨無霸飛機的全盛時期為1990年代。檀香山機場排列著許多波音747，當中也包含了「Reso`cha」塗裝。

點綴尾翼的「達文西直升機」
ANA「莫西干外觀」
ANA Mohican Look

提到ANA的前一代塗裝，那就是於1969年登場，被稱作「莫西干外觀」的設計。尾翼上有達文西創作的直升機畫，周圍繞著白色細圈，寫著英文公司名稱「ALL NIPPON AIRWAYS CO.,LTD.」，這個設計同時也是ANA的社徽。以直升機作為設計主題，是因為公司前身之一是於1952年創立的日本直升機運輸。兩個英文字的航空公司代碼「NH」，也是日本直升機運輸的縮寫（Nippon Helicopter）。

莫西干外觀是在日本經濟正在高度成長的時期登場。高額的運費原本對一般民眾來說是高不可攀，因為去宮崎和鹿兒島蜜月旅行的風潮興起，以及1970年大阪萬國博覽會等契機而逐漸大眾化，現在50歲以上的日本人首次搭的飛機，應該就是這個莫西干外觀。

白色的機身上有水藍色的線條，機身頂部一樣畫著水藍色的飾線，機首的設計很像美洲原住民莫霍克族的傳統髮型（莫西干頭），所以才因此命名。也有人說這個塗裝是模仿了波音737測試機的設計，在當時除了737之外，也是在YS-11和727上常看到的塗裝。因國內線的大量需求而誕生的747SR，也以莫西干外觀登場。

2009年推出莫西干外觀誕生40週年的紀念復古塗裝機，在767-300上漆上這個塗裝的「ANA莫西干噴射機」登場，一直飛到2014年為止。

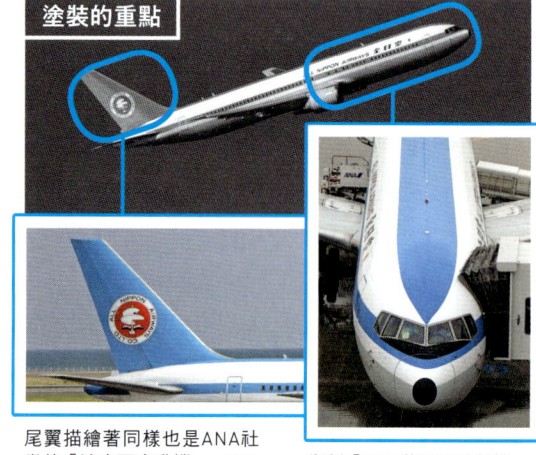

塗裝的重點

尾翼描繪著同樣也是ANA社徽的「達文西直升機」。ANA源自於用兩架直升機創業的日本直升機運輸。

復刻「ANA莫西干噴射機」的波音767-300。從這個角度看就能明白名稱由來。駕駛艙玻璃前方有容易吸收陽光的黑色，雷達罩前端採用黑色設計也是當時的主流。

1988年在伊丹機場拍攝到莫西干外觀的波音747SR。和巨無霸飛機非常相搭，國旗與漢字公司名稱、英文公司名稱的平衡非常好。

可以說是莫西干外觀原型的波音737測試機（1967年第一次飛航）。照片提供＝波音公司

短命的美麗銀河設計
銀河航空
Galaxy Airlines

　白色機身搭配銀色、藍色尾翼，塗裝設計非常美麗的銀河航空，是在2006～2008年間來往羽田、新千歲、關西、北九州的貨運航空公司。機身和2012年以前的佐川急便貨車採用同樣的塗裝，從這個事情就能一目瞭然，銀河航空是佐川急便集團底下的一員。

　機身塗裝不用刻意強調，也看得出來和公司名稱一樣以銀河為主題。傾注的理念是如同懸掛在夜空中的壯闊銀河一般，成為人與人、人與社會之間的橋樑，公司名稱也沒有加上「佐川」的名字。使用藍、銀、白三種顏色。藍色讓人感受到地球和大自然，象徵現代的銀色則代表著信賴，白色則表示著秩序與整潔，並且擔任自然與人工產物之間的緩衝。

　銀河航空使用兩架空巴A300-600F，從事國內線小型包裹的宅配運輸，但是事業沒有步上正軌，才短短兩年就停止營運了。佐川急便的企業識別雖然和現在一樣，但是貨車的塗裝設計已經變了，所以銀河航空的塗裝有一天也會完全被世人遺忘吧。

塗裝的重點

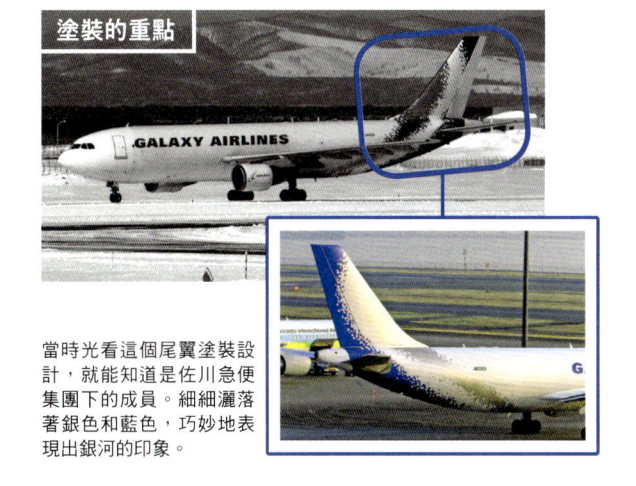

當時光看這個尾翼塗裝設計，就能知道是佐川急便集團下的成員。細細灑落著銀色和藍色，巧妙地表現出銀河的印象。

用粗體且存在感十足的字體寫著公司名稱，發動機整流罩也加入了商標。照片是準備在羽田機場起飛的A300-600F，兩架飛機非常活躍。

DATA BOX
[所屬國家・區域]日本　[IATA/ICAO CODE]J7/GXY　[呼號]GALAX　[主要使用飛機]A300F　[主要據點機場]羽田機場
[加盟聯盟]無加盟　[創立年]2005年

145

乍看之下非常簡單，但機身後方有白色飾線，尾翼上深淺不同的紅色線條等等，連細節都很精緻。

雖然簡單但卻講究細節的義大利設計
Alitalia- Italia 義大利航空
Alitalia

有Ferrari、PRADA、GUCCI、VERSACE等優秀高級品牌而聞名全球的義大利，過去代表義大利的國家航空公司 ─ 義大利航空是於第二次世界大戰後的1946年創立，營運到2021年為止。

以義大利國旗為主題的設計，不管在哪個時代的塗裝都十分具有高級感，是人氣居高不下的航空公司。其中最具特徵的應該還是公司名稱的「A」，配合尾翼形狀和義大利國旗色而轉化成的圖案。雖然變更過幾次塗裝，但尾翼從1980年以來就維持一貫的設計，沒有改變過。

公司倒閉時的最終塗裝，是由Landor Associates操刀設計，於2015年登場。2014年時，來自阿拉伯聯合大公國首都 ─ 阿布達比的阿提哈德航空，出資比率占49％成為最大股東的同時，義大利航空為了從經營不善的狀態復活，也改版了塗裝。機身從原本接近純白色的基礎色，變成類似阿提哈德航空的珍珠白暖色系，尾翼前方還有點綴白色斜線，非常時髦。尾翼的紅色區塊當中也有深紅色的斜線，是雖然簡單但越看越精緻的設計，但是在全部飛機換成這個塗裝之前，2017年春天就陷入了經營危機。之後雖然還是繼續飛航，但是在新冠肺炎疫情影響最嚴重的2021年終於精疲力竭，終至消滅。再也看不到知名航空Alitalia的名字和優美的塗裝，令人倍感遺憾。

2009年改變組織和經營體制重新出發的新生義大利航空。在前一年發表的塗裝中，可以發現尾翼的「A」比舊款更大，延伸到機身上，飾線也移到窗列下方。

1969年登場的塗裝基本概念延續到公司倒閉。公司商標和倒閉時幾乎一樣，但下一個設計有稍微傾斜。到1980年代為止流行的飾線，直接連接尾翼的A也是觀看重點。如果是50歲以上的賽車迷，應該有許多人記得活躍於1975年的世界拉力賽中，採用義大利航空塗裝的LANCIA STRATO'S賽車。

1990年代後期，義大利航空可以說是在機身全面上做廣告的先驅，推出了兩種塗裝。整架飛機塗上Baci巧克力（上）和高級品牌BVLGARI（下）的廣告塗裝。

DATA BOX
[所屬國家‧區域] 義大利　**[IATA/ICAO CODE]** AZ/AZA　**[呼號]** ALITALIA　**[主要使用飛機]** B777、A330、A319/A320/A321（停止飛航時）　**[主要據點機場]** 羅馬‧菲烏米奇諾機場、米蘭 ─ 馬爾彭薩國際機場等　**[加盟聯盟]** 天合聯盟（退會）　**[創立年]** 1946年

嶄新的高品味設計成為時代的先驅
法國聯合航空
UTA French Airlines

　　法國聯合航空在以前是法國第二大的航空公司，僅次於法國航空。UTA的公司名稱是法文「Union de Transports Aériens」的縮寫，英文則為「UTA French Airlines」。1974年開始飛日本航線，但是在1992年被法國航空合併，公司名稱消失。

　　UTA的塗裝會讓人覺得這個才是法式設計。和法國航空一樣，使用了在當時相當稀奇的歐洲白為底色，有著現代也通用的嶄新設計。公司名稱用廣告看板風格的大型字體是值得大書特書的部分，在飾線的全盛時期帶來衝擊性的品味。從尾翼延伸到機身後方的深藍色，也是近幾年常看到的設計類型，可以看出走在時代的尖端。通常會在尾翼畫上大大的公司名稱和商標，但法國聯合航空只在尾翼上方配置了小商標。最特別的還是座艙門漆上黃綠色，這是其他公司幾乎看不到的案例。

　　關於日本航線，除了一定有從成田飛巴黎之外，還有飛法屬大溪地和新喀里多尼亞等南太平洋航線。因為當時不像現在有喀里多尼亞航空和大溪地航空，而在經濟還沒泡沫化之前，有許多日本乘客會去蜜月旅行或享受海上活動。

塗裝的重點

歐洲白的機身加上廣告看板風格字體，以及只有座艙門採用黃綠色的設計品味令人驚艷。照片是1989年在巴黎拍攝到的波音747，二樓畫著「BIGBOSS」的特別塗裝機。

比起波音747，也很常飛抵成田機場的DC-10，在設計平衡上感覺更適合UTA的塗裝。這時是已經被納入法國航空旗下，公司名稱即將消失的時候。機首也畫著法國航空集團的商標。

DATA BOX
[**所屬國家‧區域**]法國　[**IATA/ICAO CODE**]UT/UTA　[**呼號**]UTA　[**主要使用飛機**]B747、DC-10(合併時)　[**主要據點機場**]巴黎夏爾‧戴高樂機場等　[**加盟聯盟**]無加盟　[**創立年**]1963年

最大特徵是翅膀閃耀著彩虹光輝的蒼蠅
尼基航空
Niki

也以Fly Niki的品牌名稱為大眾所知的奧地利尼基航空，是前所未見以蒼蠅作為象徵的航空公司。大多航空公司都以在天空飛翔或在地上跳躍的動物作為商標或吉祥物，例如日本航空和德國漢莎航空的鶴、澳洲航空的袋鼠都非常知名，但尼基航空的塗裝竟然以蒼蠅為主題。

公司的創辦人是知名F1賽車手勞達（Niki Lauda，1949～2019），但最一開始是以自己的姓氏勞達作為公司名稱，於1979年創立勞達航空進入航空業界。但是陷入經營困境的勞達航空，在2000年將經營權轉讓給奧地利航空，2013年被合併後，公司名稱就消失了。勞達在2003年設立的第二間航空公司就是尼基航空。

尼基航空的塗裝，在機身前方令人驚訝地畫著大大的蒼蠅，而且翅膀的部分還會因為光線角度而變成彩虹色，是極為精緻的設計。之後因為資本結構的變更，最大股東從勞達變成柏林航空，但是因為柏林航空倒閉了，尼基航空也在2017年停航。

雖然經營權沒有握在勞達手上，但之後也有勞達行動航空（已經停航）、瑞安航空旗下的勞達航空等等，冠上「勞達之名」的航空公司相繼復活。勞達在2019年過世後，雖然公司名稱保留了下來，但特色十足的蒼蠅塗裝卻已經消失在歷史之中。

塗裝的重點

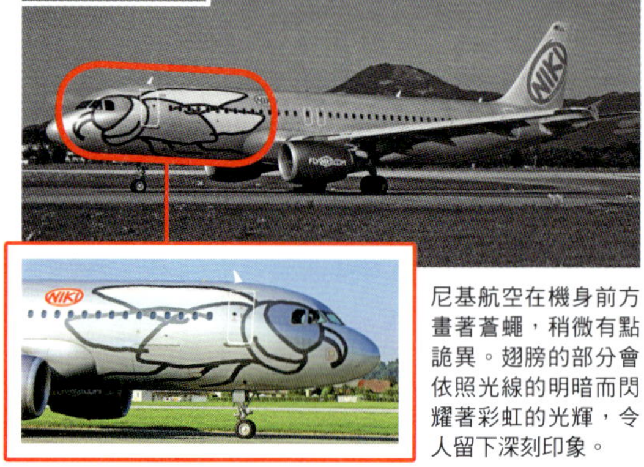

尼基航空在機身前方畫著蒼蠅，稍微有點詭異。翅膀的部分會依照光線的明暗而閃耀著彩虹的光輝，令人留下深刻印象。

DATA BOX
[所屬國家·區域]奧地利　[IATA/ICAO CODE]HG/NLY
[呼號]FLYNIKI　[主要使用飛機]A320/A321、B737(停止飛航時)　[主要據點機場]維也納機場等　[加盟聯盟]寰宇一家(附屬會員)　[創立年]2003年

雖然勞達已經過世，但瑞安航空旗下的勞達·歐洲航空於2020年啟航。以組織來說，和尼基航空已經毫無關聯。

勞達創立的第一間航空公司 —— 勞達航空的波音767。原本為非常知名的賽車手，但也是少數以自己姓氏作為航空公司名稱的人。

感光度較低的底片時代，在夏天的18點前抵達關西機場的波音747-400，有著優異平衡的塗裝設計。

在尾翼上燦爛閃耀的南十字星
澳洲安捷航空
Ansett Australia

現在有營運日本線的澳洲航空公司，除了知名的澳航之外，還有近年來才開始直飛的維珍澳洲航空。但是距今約20年前，卻有以波音747輝煌飛抵關西機場的航空公司，那就是澳洲安捷航空。

尾翼上的英文字母「A」和南十字星的塗裝非常帥氣，日本也有「紅色的澳航」和「藍色的安捷」等好評。塗裝設計是以藍色象徵澳洲的大海和天空，金色則是澳洲大陸的沙漠。由於日本只有飛關西機場，抵達機場上空的時候已經是偏晚的18點左右，當時在展望台的開放時間內（～18點），夏天可以剛好在天色變暗前拍到照片。另外安捷航空在後期除了最終塗裝之外，還有其他兩種，其中以澳洲國旗為尾翼設計概念的塗裝非常短命；另一個特徵是尾翼上有六顆流星，1990年代的時候反而是這個塗裝更常見。

安捷航空的歷史悠久，創立於1936年，主要是以澳洲的國內航線為主。進入1990年代後開始積極地拓展國際航線，但因為LCC出現而導致經營狀況惡化。2000年時紐西蘭航空成為母公司，意圖重振經營。在2000年的雪梨奧運成為官方航空，還推出特別塗裝機，但因為2001年美國多起恐攻事件，導致需求遽減，最後因為經營不善終至消失。

DATA BOX

[**所屬國家‧區域**]澳洲　[**IATA/ICAO CODE**]AN/AAA　[**呼號**]ANSETT　[**主要使用飛機**]B747、B767、B737、A320、BAe146、CRJ(停止飛航時)　[**主要據點機場**]雪梨機場、墨爾本機場等　[**加盟聯盟**]星空聯盟　[**創立年**]1936年(以Ansett Airways算起)

尾翼上的「A」有美麗的漸層設計。上方深藍色底色和閃耀光芒的南十字星圖案象徵著澳洲國旗。

安捷航空這個塗裝版本使用時間較長。尾翼上和澳洲國旗一樣的六顆星星以流星的方式呈現。

波音727和空巴A320把公司名稱寫在窗戶上方，但是767則是在窗戶下方。公司名稱最後有英文句號也很少見。

149

如今已經消失的「通紅的藍色」LCC
維珍藍航空／
V澳洲航空
Virgin Blue/V Australia

1990年代為止，澳洲的航空業界不管是國內航線還是國際航線，都是由澳洲航空和澳洲安捷航空兩大公司佔了大部分。澳洲安捷航空經營不善逐漸弱化的時候，登場的就是維珍集團創立的維珍藍航空。澳式英語的俚語中會用「藍色（BLUE）」來稱呼紅頭髮的人，所以維珍藍航空也一反「藍色」的公司名稱，採用通紅刺眼的機身。在機場極度醒目的塗裝很有LCC的風格，當時是在網路興盛起來之前，機身除了有網址以外，還同時寫著預約電話。

因為啟航隔年安捷航空就倒閉，維珍藍航空作為國內航線的LCC急速成長，然後在2008年設立以長距離國際航線為主的V澳洲航空，開始營運美國航線。但是和母公司相反，是全服務航空公司，塗裝是在灰色機身畫著南十字星的

塗裝的重點

維珍集團最大特徵「飛翔女神」，畫著揮舞著澳洲國旗，穿著打扮很有澳洲風格的女性。

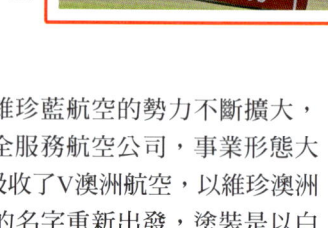

V澳洲航空的波音777-300ER，尾翼上有南十字星，機身後方畫著同屬英國聯邦的澳洲的國旗上也有的星條旗，但採用灰階處理。

V澳洲航空成為維珍澳洲航空後的過渡時期塗裝。公司名稱雖然變成「virgin australia」，但依舊有著完美設計。

洗練設計。之後維珍藍航空的勢力不斷擴大，甚至從LCC變成全服務航空公司，事業形態大幅轉換。同時也吸收了V澳洲航空，以維珍澳洲航空（第69頁）的名字重新出發，塗裝是以白色為底色的洗練設計，具有視覺衝擊的紅色塗裝消失了，令人覺得有點寂寞。

DATA BOX
[所屬國家‧區域]澳洲　[IATA/ICAO CODE]DJ/VOZ（維珍藍）、VA/VAU（V澳洲）　[呼號]VIRGIN(DJ)/VEE-OZ(VA)　[主要使用飛機]B737(DJ)、B777(VA)　[主要據點機場]布里斯本機場(DJ)、雪梨機場(VA)　[加盟聯盟]無加盟　[創立年]2000年(DJ)、2004年(VA)

以四個州為象徵的美麗尾翼設計
巴基斯坦國際航空
Pakistan International Airlines

登記編號為AP-BFW的波音747-300，以城市拉合爾（Lahore）命名，尾翼畫著以旁遮普省為主題的花紋。拉合爾以前是蒙兀兒帝國的首都，所以機身後方加上了「Garden of the Mughals（蒙兀兒帝國的庭院）」

巴基斯坦國際航空（PIA）雖然是小規模的航空公司，但是長年以來都有飛成田機場的定期航班，1990年代時因為便宜的機票，成為背包客愛用公司。三個英文字母PIA雖然是「Pakistan International Airlines」的縮寫，但因為不太準時的關係，嘴巴不饒人的旅客會揶揄其實是「Perhaps I Arrive（大概會到吧）」的縮寫。

PIA的企業識別色是綠色，至今以來變更過好幾次塗裝，2006年登場的尾翼塗裝，是以巴基斯坦的四個省份為設計概念。各自都有複雜且美麗的花紋，是值得一看的優異設計。除了這四省之外，還有印度和中國都宣稱為其領土，但某一部分實質上是由巴基斯坦所有的喀什米爾，因為是有紛爭的地帶，考慮到國際關係，沒有作為尾翼設計的主題。

旗下各飛機都以當地城鎮命名，舉例來說有「奎達（Quetta，城市名稱）／Nature's Orchard（自然的果園）」和「海德拉巴（Hyderabad，城市名稱）／City of Perfumes（香水之都）」等等，和尾翼的花紋一同醞釀出異國風情（也有名稱重複的飛機）。以筆者個人的角度來說，看了這個塗裝而改變對巴基斯坦的印象，也才知道其實是有許多魅力世界遺產的觀光勝地。雖然有成功向世界傳達巴基斯坦魅力，但不知道是不是實在太花工夫的關係，幾年後就變回在奶油色尾翼上飄舞著巴基斯坦國旗的簡單設計。

之後在2010年和巴基斯坦國旗一樣變成深綠色的尾翼。2018年推出更時尚的設計等等，時不時地會做些變更，但已不復以四個州為主題的絕美異國風情塗裝。

DATA BOX

[所屬國家・區域]巴基斯坦　[IATA/ICAO CODE]PK/PIA　[呼號]PAKISTAN　[主要使用飛機]B777、A320、ATR　[主要據點機場]真納國際機場、伊斯蘭馬巴德國際機場等　[加盟聯盟]無加盟　[創立年]1946年（以東方航空(Orient Airways)算起）

登記編號為AP-BEU的空巴A310，飛機名字為柏夏瓦（Peshawar）。機身後方寫著「Gateway to East（東部的玄關）」，尾翼畫的是開伯爾-普什圖省的圖樣。

登記編號為AP-BGS的空巴A310，機名是以接近阿富汗附近山區的小都市濟亞拉特（Ziarat）命名。機身後方寫著「The City of Flowers（花都）」，尾翼上畫著以俾路支省為主題的花紋。

登記編號為AP-BGR的空巴A310，機名為摩亨佐達羅（Mohenjodaro）。副標是「Indus Valley Civilization（印度河流域文明）」，宣傳印度河流域文明最大的都市遺跡摩亨佐達羅，尾翼花紋是以巴基斯坦東南部的信德省為主題。

取消尾翼上的複雜設計，變成只有巴基斯坦國旗的簡單塗裝。就算機身的設計完全一樣，整體氛圍也不一樣了，變得有點無趣。這是到2010年為止的正式塗裝。

日本亞細亞航空自己下訂的波音747-300。旗下機隊還有道格拉斯DC-8、波音767、747，還有和日本航空共同使用的貨機。

持續與中國情勢緊張的臺灣，再加上「一個中國」的原則，政治關係非常複雜。日本在1972年的中日聯合聲明中，承認中國共產黨政府（中國）是唯一的合法政府，與中華民國（臺灣）斷交至今。其他許多國家也採取同樣的立場，但因為當時的中國政府不允許直飛中國的航空公司也飛臺灣，許多大型航空公司不得不撤離臺灣航線，話雖如此，與臺灣之間還是持續有人與貨物的往來。由於考慮到外交關係，就設立了「臺灣航線」專用的航空公司來便宜行事。

日本則是在日本航空旗下設立日本亞細亞航空，代替直飛中國的日本航空，於1975年9月開始飛羽田～台北（松山）‧高雄航線。1978年成田機場啟用後，定期國際航班基本上都轉移到成田機場，只剩下臺灣航線還留在羽田機場。

日本以外的國家設立「臺灣航線專用航空公司」的案例也不少，在臺灣經濟起飛的1980年代之後，這個傾向更加顯著。英國航空旗下的英亞航空在1993年啟航，尾翼上寫著中文「英亞」的波音747-400，一直飛到2001年為止。法國航空也同樣地在1994年設立亞州法國航空（Air France Asie，Asie是亞洲的法文），使用波音747和空巴A340，將法國航空三色當中的紅色去掉，在尾翼留下藍色和白色的飾線。

其他還有瑞士亞洲航空、澳亞航空等公司存在過，到了2000年代中期，中台之間的緊張關係暫時和緩下來，中台之間也開始有直航航班，失去意義的「臺灣航線專用航空公司」就被母公司吸收合併。日本亞細亞航空也在2008年的時候被日本國際航空（當時的公司名）吸收，現在只剩下KLM荷蘭皇家航空旗下還有KLM荷蘭亞洲航空。

另外，同樣也有直航中國本土的ANA，基本上用只飛日本國內航線的日空航空飛臺灣航線，所以沒有創立「臺灣路線專用航空公司」。

以前常見的「○○亞洲航空」
臺灣航線專用航空公司
Airlines for Taiwan routes

舊瑞士航空子公司的瑞士亞洲航空MD-11。在瑞士航空的塗裝加上小寫「asia」，尾翼上有代表瑞士的中文「瑞」。

在英國航空的塗裝加上「ASIA」的文字，尾翼上寫著中文「英亞」的英國亞洲航空，因飛機周轉的關係，偶爾也會飛日本。

1990年設立的澳洲亞洲航空。1996年為止使用波音747SP和767，紅色的尾翼上畫著標誌化的商標「A」，英文公司名下方則寫著「澳亞航空公司」。

亞洲法國航空拔掉法國航空塗裝上的紅色，有一點奇怪的感覺。照片是在伊丹機場飛國際線的時候，也投入巴黎～日本航線。

現在唯一留下的是KLM荷蘭亞洲航空。但已經不是臺灣航線專用的航空公司，有時候也會飛往日本。

153

令人感到衝擊的TMA塗裝。當時無法得知究竟從黎巴嫩送了什麼貨物到日本，但穿過戰火抵達成田機場卻是件了不起的事情。照片是在1991年拍攝，當時的成田機場中，波音707是稀有機種。

母國內戰中也持續飛行的貨物航空
地中海航空
Trans Mediterranean Airways

對於從以前就會去成田機場拍飛機的人來說，印象非常深刻的塗裝之一就是以TMA簡稱聞名的地中海航空。中文翻譯叫作「地中海航空」，但其實是黎巴嫩的貨物航空公司。

塗裝是採用綠色機身和黃色尾翼，不管是現在還是以前，都是其他航空公司少見的顏色選擇，有十足的原創性。在成田機場首次看到地中海航空的波音747時也大為震驚。1980年代到1990年代初期會時不時地飛到成田機場，但因為總是不照時刻表飛行，取消航班也很理所當然，筆者還記得在無線電中聽到呼號「TANGO LIMA」的時候，心情還激動了一下。

地中海航空無法按照時刻表飛行，是再理所當然不過的事情了。1975年到1990年為止，黎巴嫩正處於內戰之中，當中又以1982～1985年時有外籍軍隊的介入等等，情勢變得非常混亂，考慮到機場或飛機可能會遭受破壞的情況下，能起飛就是件非常了不起的事情了。筆者在2000年代的時候，從敘利亞走陸路到黎巴嫩旅行，在路上也常常和聯合國軍隊的車隊擦身而過，建築物上看得到砲彈痕跡的貝魯特市區內，還看到了當時已經停航的地中海航空招牌。過了幾年，地中海航空成功於2010年以空巴A300F復活，使用的是現代風格的塗裝，但2014年又停航了。

DATA BOX
[所屬國家・區域]黎巴嫩　[IATA/ICAO CODE]TL/TMA
[呼號]TANGO LIMA　[主要使用飛機]A300F、B767F(停止飛航時)　[主要據點機場]黎巴嫩機場等　[加盟聯盟]無加盟
[創立年]1953年

內戰穩定下來的1990年代，以新塗裝的波音707重啟航班。短時間內就停航了，也沒有飛日本的關係，知道這個塗裝的日本人不多。

2010年用空巴A300F重啟航班。以歐洲航線為中心，只有一架飛機，使用的是原日本銀河航空的飛機。2014年停航。

聯合航空的波音767-300。聯合航空的塗裝在當時重量感十足，被稱作「戰艦」，竟然也直接橫切配置在機首。第2間公司開始就都是白色的機身了。

剛起步才看得到的奇特塗裝
星空聯盟
Star Alliance

　　星空聯盟是ANA、聯合航空、德國漢莎航空等世界級大型航空公司都有加盟的航空聯盟。現在除了星空聯盟以外，還可以看到寰宇一家跟天合聯盟等航空聯盟的特別塗裝機，所以能看到在星空聯盟起步初期，有著奇異設計的特別塗裝機更是有趣。

　　星空聯盟始於1997年5月，由加拿大航空、德國漢莎航空、北歐航空、泰國國際航空、聯合航空等5間航空公司創立並成為創始成員。里約格朗德航空也在10月的時候加盟。雖然馬上就推出星空聯盟的特別塗裝飛機，但卻是將各加盟公司的塗裝，平均分配在同一架飛機上，是現在難以想像的設計概念。執行飛航任務的航空公司塗裝會配置在機首，之後隨機分配各公司的塗裝，根據飛機不同，塗裝的平衡感有好有壞，但這就是箇中的樂趣。

　　不過這個特別設計馬上就出現問題了。若加盟的航空公司增加，就不得不重新改變塗裝，再加上如果里約格朗德航空這種已經倒閉的航空公司還出現在機身上，也會損害整體印象。結果這個漆上各家航空公司的塗裝，很快地就消失了。創立2年後於1999年加盟的ANA、澳洲安捷航空、紐西蘭航空就沒有這種「橫切」塗裝了，不過ANA有各公司商標在旗幟上飄舞的特別塗裝機。

加拿大航空的空巴A340，和聯合航空的波音767不同，第2間公司的德國漢莎航空到第4間的里約格朗德航空下方，漆著各家公司的機身顏色，後方有泰國國際航空的商標和飾線，是還可以的設計。

泰國國際航空的空巴A300。飾線馬上就被切斷，機身下方是里約格朗德航空的顏色，把顏色最重的聯合航空配置在最後段，取得一定的平衡。星空聯盟的商標也比其他飛機要大，尾翼和整體的顏色不同，相當顯眼。

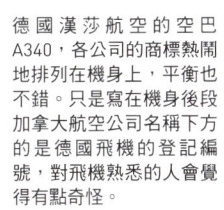

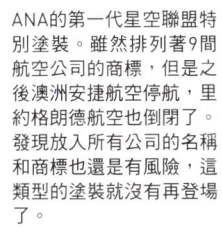

德國漢莎航空的空巴A340，各公司的商標熱鬧地排列在機身上，平衡也不錯。只是寫在機身後段加拿大航空公司名稱下方的是德國飛機的登記編號，對飛機熟悉的人會覺得有點奇怪。

ANA的第一代星空聯盟特別塗裝。雖然排列著9間航空公司的商標，但是之後澳洲安捷航空停航，里約格朗德航空也倒閉了。發現放入所有公司的名稱和商標也還是有風險，這類型的塗裝就沒有再登場了。

和機身完全不同的尾翼設計

英國航空的「四海一家」塗裝

　　英國航空（BA）在之前的第44頁已經有介紹過了，但是由英國設計公司Newell & Sorrell操刀的新設計在1997年6月發表，最令人驚豔的是被稱作「四海一家」（也叫作「世界尾翼」或「民族設計」）的尾翼設計，收集世界各地設計師所繪製的不同圖案，並使用在機身塗裝上。當時的成田機場也有「昨天來的是波鶴」或是「今天來的是切爾西玫瑰」等，每天都可以期待來的飛機究竟是什麼樣的設計，甚至為了想看到更多種類的尾翼，刻意飛去英國一趟。順帶一提，當時的超音速客機協和號只採用了以英國國旗為主題、被稱作「查塔姆造船廠聯盟旗」的變形米字旗塗裝設計。

　　雖然沒有正式發表有多少種類，但目前能確認的有35種（左右設計不一樣的話也算1種），當時還有位於德國的子公司德國三角洲航空，以及法國的子公司法國自由航空，只能在英國以外的地方才能看到的塗裝。

　　這邊就來介紹「四海一家」的各尾翼照片，以及設計者和作品名稱。另外，以下並不是全由筆者本人拍攝，有些是在現場和其他攝影師交換的照片。

英國設計師，作者不詳。以英國國旗為主題的作品，名稱為「Chatham Dockyard（查塔姆造船廠）」，之後也變成英國航空的正式塗裝。

波札那共和國的設計師Cg'ose Ntcox'o設計的「動物與樹」。以卡拉哈里沙漠的胡狼和綠洲為主題。

德國設計師Jim Avignon所設計，作品「Avignon」冠了自己的姓氏，表現德國的現代藝術。順帶一提，航空公司是當時還在運作的德國三角洲航空。

雖然是德國人的作品，但是作者名稱未公開。作品名為「Bavaria（巴伐利亞）」，畫著在德國高原或阿爾卑斯山上綻放的火絨草。

由蘇格蘭的Peter MacDonald設計，名稱為「Benyhone」，以蘇格蘭花呢格紋來表現在山中飛翔的鳥。

由瑞典的Ulrica Hydman Vallien設計，名字「Blomsteräng」的意思是鮮活的花。在大型的玻璃碗中放入許多愛心和花。

英國人Sally Tuffin的作品，名稱為「Blue Poole」。是以英國南方小鎮普爾（Poole）的大海和鳥為主題，上方是鳥，下方則是不同種類的魚。

英國人Simon Balwin的作品「British Blend」，以咖啡杯為設計主題。這個塗裝只有1架（A320），要拍到極為困難。

尾翼上點綴著也有出賽2000年倫敦奧運的英國隊隊徽，設計者是英國人Mark Pickthall。

從巨無霸飛機到短程交通機共使用在20架以上，看見機率很高的「Chelsea Rose（切爾西玫瑰）」。英國人Pierce Casey設計，以綻放在切爾西和巴特西（Battersea，倫敦地名）的玫瑰為主題。

以英國西南部康瓦爾地區為意象的抽象畫，作品名稱為「Colour Down the Side」。作者是英國人Terry Frost，只有使用在一架飛機（DHC-8）的稀有設計。

作品名稱為「Crossing Borders」，由埃及設計師Chant Avedissian操刀。以伊斯蘭文化和埃及的法老、開羅為設計主題，左右邊的感覺差異很大。

以荷蘭代爾夫特生產的陶器為主題的「Delftblue Daybreak（代爾夫特的黎明）」。設計師是荷蘭人Hugo Kaagman，左右邊的設計不同。

愛爾蘭人Timothy O'Neill設計的「Colum」，讓人想起愛爾蘭的守護聖人聖哥倫巴與教會的鴿子。

作品名稱為「Golden Khokhloma」，由俄羅斯人Taisia Akimovna Belyantzeva設計，以俄羅斯的Khokhloma村製作的漆器為主題。

作品名稱為「Gothic」，在尾翼上畫著書寫體文字，作者是名稱不公開的德國人，由德國三角洲航空使用。

在《星期日泰晤士報》公開徵選，由英國人Christine Bass設計的「Grand Union」。以伯明罕的大聯盟運河（Grand Union）為主題。

157

波蘭人Danula Wojda設計的「Kogutki Lowickie」。以孔雀和花的剪紙藝術為主題，有著非常華麗的氛圍。雖然概念一樣，但是左右邊的花紋卻大不相同。

法文作品名稱「L'esprit Liberté」指的是「自由的精神」。以啟發人權為目的，因此沒有公開作者的相關情報。當時是使用在BA旗下的法國自由航空上。

漆在法國自由航空的MD-83上，作品名稱為「La Pyramide du Louvre」。顧名思義，是以巴黎羅浮宮美術館的金字塔為設計理念。

應該還有人記得在1990年代後期全面漆在澳洲航空波音747-300上的塗裝，這個作品名稱和那個747一樣都是「Nalanji Dreaming」。由澳洲的設計公司The Balarinji Design Studio製作。

由南非恩德貝萊族藝術家Emmly Masanabo設計的「Ndebele Emmly」。用串珠工藝和壁畫來展現恩德貝萊族的文化。

有關南非恩德貝萊族的另一個作品，名稱為「Ndebele Martha」，作者Martha Masanabo是Emmly Masanabo的雙胞胎姊妹。這個也是以串珠工藝和壁畫為主題。

照片是在機身畫著罌粟花的波音757，但也有畫在尾翼上的空巴A320。機身加上象徵追悼戰死者的「Pause to remember（停下來默哀）」。設計者是英國人，作者未公開。

在白色尾翼上寫著中文書法的「Rendezvous」（約會）。雖然太過潦草無法辨識，但是由香港的書法家葉民任所創作，蓋印章的設計也很東亞風。

由羅馬尼亞設計師Morag Dumetru創作的作品，名稱是「春天」。只有一架757使用，極為稀有。

英國航空的「四海一家」塗裝

德國的Antje Brüggemann所設計的「Sterntaler」。有著德國包浩斯（第一次世界大戰後建立的綜合設計教育機關）風格的設計，展現出陶瓷工藝感。

澳洲原住民藝術家Clifford Possum Tjapaltjarri的作品，名稱為「Water Dreaming」，展現出澳洲北部地形。

日本方面則是選擇了1927年在京都出生的畫家 —— 加山又造的繪畫。名稱為「波與鶴」，伴隨著宇宙的世界觀，利用鶴來表現日本的靈魂概念。在日本的航空迷之間稱為「波鶴」。

美國人Jenifer Kobylarz設計的「Waves of the City」，概念是「想要傳達凍僵的感覺」。

加拿大原住民海達族藝術家Joe David的作品，名稱為「Whale Rider」。表現加拿大西部溫哥華島代代相傳的鯨文化。

丹麥藝術家Per Arnoldi的作品，名稱是「Wings」，以飛翔的海鷗為設計理念，用紅、黃、藍三色表現。飛成田機場的747-400也有這個尾翼設計。

1990年代，澳洲航空的747-400有被稱作「Wunala Dreaming」的通紅塗裝，BA則僅在尾翼上採用同樣設計。用澳洲大自然的顏色來表現袋鼠的夢境，由設計公司The Balarinji Design Studio操刀。

沙烏地阿拉伯則是由視覺藝術家Shadia Alem創作的「Youm al-Suq（市集日）」，用豐富的顏色來表現在阿拉伯被稱作「Sūq」的市集。

印度傳統服飾紗麗設計師Meera Mehta的作品，名稱為「Paithani」。左右邊的花紋稍微有點差異，以在灌木綻放的花和唵（Om）為主題，看起來也像紗麗的下襬。

159

作者

查理古庄　Charlie FURUSHO（航空攝影師、航空公司設計研究者）

1972年東京出生。
專業客機攝影師。接受來自世界各地的航空公司和機場的委託，至今為止已經有在超過100個國家和地區的拍攝經驗，造訪全世界超過500座機場。與客機有關的著作、照片集超過30本，也在G7/G2C峰會等國際會議時擔任VIP飛機的官方紀錄攝影師。另外，除了是全世界搭乘過最多航空公司的「金氏世界紀錄」保持人之外，也擁有飛機和直升機飛行執照，甚至擁有空拍用的直升機。過去除了有新航空公司設立時，參與制定企業識別和飛機塗裝的經驗之外，航空公司在引進新的企業識別時也會聘請作為顧問。
CANON EOS學院講師。
著作《世界彩繪飛機圖鑑》、《世界飛機100種 》（人人出版）等
http://www.charlies.co.jp/

【世界飛機系列14】

客機塗裝設計解析
觀察世界各大航空公司塗裝色彩的魅力

作者／查理古庄
翻譯／倪世峰
編輯／林庭安
出版者／人人出版股份有限公司
地址／231028新北市新店區寶橋路235巷６弄６號７樓
電話／(02)2918-3366 (代表號)
傳真／(02)2914-0000
網址／www.jjp.com.tw
郵政劃撥帳號／16402311人人出版股份有限公司
製版印刷／長城製版印刷股份有限公司
電話／(02)2918-3366(代表號)
香港經銷商／一代匯集
電話／（852）2783-8102
第一版第一刷／2025年５月
定價／新台幣500元
　　　港幣167元

國家圖書館出版品預行編目資料

客機塗裝設計解析：觀察世界各大航空公司塗裝色彩的魅力／查理古庄作；
倪世峰翻譯. -- 第一版. -- 新北市：
人人出版股份有限公司，2025.05
面；　公分 . －（世界飛機系列；14）
ISBN 978-986-461-435-6（平裝）

1.CST：飛機　2.CST：飛機製造　3.CST：工藝美術

447.73　　　　　　　　　　　　　114003362

RYOKAKUKI DESIGN KAITAISHINSHO
© CHARLIE FURUSHO 2024
Originally published in Japan in 2024 by
Ikaros Publications, Ltd., TOKYO.
Traditional Chinese Characters translation
rights arranged with Ikaros Publications,
Ltd., TOKYO, through TOHAN CORPORATION, TOKYO
and KEIO CULTURAL
ENTERPRISE CO., LTD., NEW TAIPEI CITY.

●著作權所有　翻印必究●